MIT 麻省理工
《史隆管理評論》
合作出版《尖端管理》
系列叢書

大是文化

麥肯錫：競爭者的下一步

來自麥肯錫團隊的競爭行為預判調查，
1,825 名主管的經歷總合，協助你
看穿對手底牌，搶占獲利。

麥肯錫實務策略團隊出身
華盛頓大學經濟學教授
約翰．霍恩（John Horn）──著
林庭如、蔡旻諺──譯

Inside the Competitor's Mindset
How to Predict Their Next Move and Position Yourself for Success

目錄

各界推薦

身為企業創辦人，我認為《競爭者的下一步》是在創業或經營企業路上，越早看越能夠為自己創業增加壁壘的好書！作者在顧問公司的經驗，跟我在創業實戰經驗當中，得到的競爭分析結論很接近，那就是「為你的競品盤點，並進行換位思考的預測」。如同《孫子兵法》說：「知彼知己者，百戰不殆。」作者運用「鏡像神經元」的理論，一步步教你概念、舉例分析，並打造你企業的競品分析團隊，無論是企業主管、新創創辦人，又或者是職場工作者，本書都能幫助你運用「競爭者心態」脫穎而出！

——《關鍵思維》作者、IMV品牌執行長／馬克凡 Mark.Ven Chao

《競爭者的下一步》透過深入解析競爭對手的表面行為及其背後的真正策略意圖，為讀者開闢了識別早期趨勢與預測市場動態的新視角。本書為希望提升對手分析及預測技巧的專業人士，提供了一系列實用且具啟發性的策略，是在競爭激烈的商業環境中保持領先的關鍵資源。

——先行智庫執行長／蘇書平

作者提供了一個路線圖，幫助領導者預測、理解產業的發展趨勢，並對其做出回應。這本書是一項寶貴的工具，可以幫助企業在競爭持續加劇的時代中，保持領先地位。

——創投公司 Revolution 董事長兼執行長、美國線上（AOL）共同創辦人／
史蒂夫・凱斯（Steve Case）

在競爭對手的極力阻撓下，我們很難做出所謂「正確」的選擇。本書揭開了在競爭環境中做決策的神祕面紗，這對所有決策者來說都是很重要的資源。

——美國最大軍艦製造公司亨廷頓英格爾斯工業（Huntington Ingalls Industries）
卸任執行長兼總裁／麥克・派特（Mike Petters）

很少有組織能發展出一套能有效預測競爭行為的系統。作者介紹了一種強大、以事實為本的方法，能深入了解競爭對手的目標、誘因和決策。對於想要更了解對手的領導者來說，這絕對是必讀佳作！

——創見顧問公司（Innosight）榮譽管理合夥人兼資深合夥人／
派翠克・維格瑞（Patrick Viguerie）

推薦序
掌握競爭者的策略意圖，成為高勝率打者

《經理人月刊》總編輯／齊立文

閱讀這本書的前幾個章節時，我最初是帶點困惑的，因為不是很能理解，為什麼作者反覆強調，很多企業往往會驚訝於：競爭者竟會做出不理性的行為？於是我開始自問，當同業或競爭者做出重要決策時，我有覺得他們「不理性」嗎？

我嘗試解讀，所謂的不理性，指的應該是競爭者的行為，是為我們所不理解的，甚或出乎意料的，像是「價錢殺到這麼低，還會有錢賺嗎？」。

相信不少讀者都能夠回答殺價這個不理性行為背後，可能的動機和目的，例如低價搶市、打消庫存或引爆話題行銷等。然而，你想得到的，多半別人也想得到。萬一，競爭者推出的策略，是我們想都沒想過的「意外」或「不理性」，那才是我們真正不樂見的，因為這種出乎意料的策略，給市場和企業帶來的破壞性力量，會殺得你措手不及。而偏偏能夠讓對手防不勝防的策略，

才能夠出奇制勝。

你心中有「敵人」嗎？

不過，比起競爭者理性與否，在掌握本書要旨的過程中，我心中更常浮現的自省是：我在思考策略時，競爭者常在我心嗎？

除非是壟斷型或寡占型企業，否則大部分的企業都是有同業的（如果你不傾向於使用競爭者這類字眼的話）。然而，或許你可以試著回想，每當在構思策略時，包括推出新產品、進入新市場、調整價格等，你會考量哪些面向？如果競爭者的動向有列入其中，你是在競爭者做出特定決策之後，才跟進分析和仿效，還是會在制定決策之際，就像棋手對弈一樣，亦步亦趨的動態調整布局？

如同作者所說：「商務人士制定新策略時，有大量的前置工作：測試、開會、改進、再開會、評估、又再開會，然後開更多會議、做更多評估，最終做出決定。不幸的是，這個過程經常忽視一個因素，就是沒考慮到競爭對手將如何回應我方的新計畫，以及這對我方計畫的成功與否，有何影響。」

讀到這裡，你可能會問，我要是能夠知道競爭對手在想什麼、會採取什麼主動策略和反制措施，那還真的就可以做到「知己知彼，百戰不殆」了。

試想一下，知己知彼這四個字，我們何其輕易就可以說出口，也懂得其中的道理，但是偏偏知己和知彼，都是一門學問。作者當然也深知其中的難度：「我們永遠無法得知他們（競爭對手）腦中究竟在想些什麼。但是透過觀察對手做過些什麼（基於市場上的證據），知道他們的作為是受到目的所影響，我們就能試著預測，他們未來可能會做出什麼事來。」

本書的價值即在於此，提供了很多框架、流程和方法，讓我們不斷演練「知彼的技術」，回應本書的英文書名：深入競爭者的心態，預測他們下一步，讓自己立於不敗境地。

畢竟，留意競爭對手的動向，看到顯而易見的事實，你會、我會、大家都會，但是要洞察競爭對手的策略意圖，除了仰賴實務經驗和模擬推測之外，如果想要超脫個人的視野格局和思維慣性，就需要學習一套系統性的方法。

為什麼要有「敵我」意識？

我很喜歡書裡提到的一個例子：假設某家麥片製造商的市占率維持不變，而他們其中一個競爭者的市占率從二九％增長到三三％，另一個則從三一％跌到二七％，這家麥片製造商應該提防哪間公司？

直覺的回應通常是：提防那個市占率後來居上、躍居第一的競爭者？未必。作者指出，「市占率較高的對手可能會自滿，不打算追求進一步擴展；而市占率較低的一方，可能會因為失去領導地位而驚慌，反而積極出手，以重獲領先地位。」

由此可見，我們不但很難精準預測一個或多個競爭者的賽局，更別說處在複雜多變的世界裡，很多競爭者根本前一秒還不在雷達的偵測範圍內，下一秒就挾著更高階、或更低階的產品及服務出現在市場上。甚或，競爭對手根本來自不同的產業，從來不在你的守備範圍裡。這些顛覆性的力量，會使你就算沒有競爭意識，也被打得毫無招架之力。

在本書裡，作者提供流程，教你看懂競爭對手在想什麼；也提供框架，掌握競爭者可能的進攻策略；最實用的是，關於如何展開競品分析、獲致競爭者的洞察，以及如何在組織內部成立一個常設的戰略分析團隊，都有明確而具體的建議。

《孫子兵法》說：「知彼知己者，百戰不殆；不知彼而知己，一勝一負；不知彼，不知己，每戰必殆。」連自己的優劣勢都不知道，勝率為零；了解自己的優勢，但對於競爭者所知有限，失敗率還是有五〇％，想要盡可能提高勝率，我們都要練習熟悉對手，而如同作者所言：「練習或許不會讓決策變得完美無缺，但是會比完全不練習要好得多！」

前言
如何預測對手的下一步行動

在我剛開始幫企業設計、建構及執行商戰遊戲（war games，透過模擬來決定面對競爭對手的最佳策略行動）時，客戶給予的回應讓我很驚訝。很多客戶都說，我們不能做商戰遊戲演練，或在工作坊中模擬某個競爭者的行為，因為那些對手都不理性。一開始，我以為這只是客戶的玩笑話，或是他們想要引用正蓬勃發展的行為經濟學概念，該學說研究的是，影響人類做出「正確」決策的怪癖。

越來越多客戶不斷使用這個特定詞彙——「不理性」（irrational），我逐漸明白，他們指的不是行為經濟學家的理論，也不是隨口詆毀競爭者，他們是真的認為對方不理性，搞不懂為何對方會做出那些行為。他們通常會接著說：「難道他們不知道，這樣會對產業造成負面影響嗎？」、「我們永遠不可能這麼做。」

令我好奇的是，我協助的都是精明的大企業，**如果他們的主要競爭對手很不理性，究竟是怎麼取得現在的地位？**我甚至曾聽前公司的合夥人說：「客戶的對手很不理性。」但是，那些所謂的競爭對手，很可能就是公司其他合夥人的客戶！更諷刺的是，這些合夥人很可能都在互罵客戶的對手有多不理性。

讓我更納悶的是，我只要問幾個簡單的問題，像是：「對手做的那些選擇，有幫助他們成長嗎？」、「那個決策跟你過去的做法相比，有什麼差異？」客戶就能侃侃而談，解釋為什麼對方的行為很合理。他們回應道：「因為他們搶走我們的市占率，所以才有所成長。」客戶自己過去的行為總是很合理，有時是因為那會為他們帶來競爭力：「我們做的事情對我們有幫助，但其他人都不可以那樣做。」

這種認為競爭對手不理性的常見主張，和我過去聽到企業獲取競爭情報（competitive intelligence，蒐集、分析、使用競爭對手、客戶和其他有助企業競爭優勢的市場因素之資訊的能力）的實務經驗不盡相同。**多數公司認為他們經常蒐集競爭情報，但我卻經常觀察到他們對競爭對手的行為和反應感到訝異**。我發現，當企業領袖感到吃驚時，他們會預設競爭對手做了不理性的行為，但這其實是種心理陷阱。

競爭者通常不會做出不理性行為（例如不將自己的目標放在第一位、完全隨機行事，因而出現違背自身利益的決定）。只不過，我們很難站在對方的角度觀察市場環境，因此難以理解對方為何那麼做。

透過應用一些相對容易的技巧，企業能夠更加了解對手可能出現哪些行為，做出更周全的準備，在適當時機加以回擊。或許你在其他地方看過類似技巧，甚至親身試過其中幾個，這是因為，我們會以過去五十年來的商業策略為基礎。我希望把不同思維整合進一個前後連貫的大框架之下，直接聚焦在競爭對手身上。我不會給像是：「這些是在任何情境都可以使用的致勝祕訣。」這種單純的建議，**沒有人可以想出每次都能適用的策略，因為面對不同問題、產業、國家，都需要調整做法。我們要建立的是一種心態，而不是打造萬用的工具。**

在本書中，我會舉許多例子，證明競品分析不能一體適用於所有情況。請注意，本文提到的所有公司，都不是我的合作單位（至少在我所討論的特定問題上沒有合作關係）。有關這些公司的所有資訊，都來自公開可得的資料；至於那些我曾有機會合作的公司，我會以匿名方式呈現，或僅以那些公司所屬的產業別泛稱。

本書舉出的所有例子，特別是我從外部觀察的案例，我都不會另外解釋這些公司為何採取這樣的行動。**競品分析之所以如此具挑戰性，部分原因在於，你無法叫對手解釋他們過去或未來的行為。因此，重點不是解釋過去發生的某個具體行動，而是為了更清楚未來可能發生什麼。**戰略思考，本質上就是種前瞻型策略。我們解釋過去的原因，是為了預測未來可能出現的情形，但是這就和投資一樣，過去並非總能成為未來的指標。

以價格變動為例，競爭對手降低價格，可能是因為他們正在流失市占率、期望特定產品拓展全國客戶、銷售部分抽成需要達標，抑或是業界分析師都說他們得這麼做。如果我們回顧一則歷史事件，並認定事發原因是他們想要拓展國內客戶，接著我們又假設他們未來降價的唯一原因，就是要贏得全國客戶，這是很愚蠢的想法。你必須探討對方降價的所有可能原因，才能預測是否有某個或某些因素，預示了即將出現的降價情況。

我不希望你因為修正主義者的解釋而轉移焦點。我們不是要回頭解決過去的「為什麼」，而是集中在前瞻型思維：「如何在不與競爭對手交談的情況下理解對方。」在現實世界中，你得依賴第二或第三手資訊，並在缺少內部消息的情況下將資訊拼湊起來。

我逐漸意識到，競爭對手並非不理性。他們的邏輯其來有自，但是解讀對方的邏輯並不像把資料輸入演算法中那麼簡單。值得重申的是，**競品分析是一種心態，而不是一項工具**。聰明的規畫整合競品分析報告，你就能開始擬定策略，確定自己不會再「不理智」的認為所有競爭對手都很「不理性」。

序章

那些看似不理性的策略背後

二〇一九年十月，達美樂（Domino）執行長里奇・艾里森（Ritch Allison）現身於CNBC的節目《瘋狂錢潮》（*Mad Money*，美國知名財經節目），談論達美樂的經營之道。其中，他特別提到達美樂的外送服務，隨著外送平臺的興起，面臨越來越激烈的競爭[1]。

由於許多餐廳開始和UberEats或Postmates（按：美國餐飲外送新創公司，已於二〇二〇年被Uber收購）等外送平臺合作，達美樂近期甚至因此下修長期預估業績。多年來，達美樂經營自己的外送服務，不過在外送平臺誕生後，餐廳就不必營運一套自己的外送系統，這同時降低了其他餐廳加入外送服務的門檻。艾里森表示：「綜觀外送市場，的確有些定價不太合理。我們不曉得這個現象會持續多久，不過放眼未來兩、三年，從我們評估的財務預測來看，這種商業模式可謂相當驚人。」

對UberEats跟Postmates，甚至是資助兩間企業的投資人而言，難道主打低價策略來吸引用戶，是不夠理智的決策嗎？現在回過頭來看就知道，答案肯定是否定的。雖說新冠疫情加速了餐飲外送服務的發展，不過就算是在疫情爆發的六個月前，主打低價策略也稱不上「不理智」。

低價競爭不理性？是為了鞏固消費者忠誠

Uber之所以投入餐飲外送服務，是為了讓旗下駕駛有工作可做，不至於想離開Uber，同時也為了跟Lyft（按：中譯為來福車，美國提供共乘服務的上市公司）做出差異化，而其他新創公司也注意到這股商機為消費者帶來的價值。可見，UberEats 跟 Postmates 以低廉的外送費試圖贏得顧客支持，是十分合理的做法，畢竟如果不這麼做，可能就是其他外送平臺奪得商機。**外送平臺業者傾向在市場成熟前，早早擄獲消費者**，長期下來才能鞏固消費族群及餐廳合作夥伴的忠誠度。**如此一來，就能在未來提高收費，回收最一開始投入的資金。**

從達美樂的角度來看，這項投資正在蠶食他們的市占率。市場競爭對他們不利，從他們為投資者修訂的業績指引來看，就能證明這點。他們不希望那些外送業者調降外送費，因為這麼一來，他們只能選擇跟進（但這會侵蝕他們的利潤），不然就得接受業績輸給其他餐廳的事實。不過，這並不表示外送平臺的做法不合理。

這個例子說明了競爭對手難以預測的兩個原因。首先，如果我們不贊同競爭對手的行為，就會傾向把對方的舉動視為非理性行為。如果這是我們不會採取的做法（例如達美樂不會主動降價來外送自己的披薩），或是會傷害到自己的做法（像 UberEats、Postmates 以低廉外送費傷害達美樂，這些企業的競爭對手 DoorDash 和 Grubhub 等也一樣），我們也傾向稱其為不理性。

其二，預測競爭對手之所以變得更困難，是因為競爭的本質改變。每隔幾年，就會出現一種擾亂商業活動的新趨勢，但是我想關注的，是兩種彼此相關的驅動力，一個是數位化（例如大數據、人工智慧、機器學習），另一個是來自其他產業或新創企業的競爭對手。

平臺化就是將商業價值鏈轉變為一個生態系，將各個實業公司綁在一起，這代表你目前的對手可能會建立全新的價值傳遞系統，而你的供應商也可能成為你的競爭者。儘管臉書

（Facebook）已成為新聞機構放送內容的平臺，但他們也策劃打造自己的使用者故事，跟傳統媒體公司爭相取得用戶的注意力。上面列出的四家外送平臺互相競爭，以確保他們的平臺能夠將食品生態系中的餐廳、消費者和其他關係人（如餐飲商、雜貨商）綁在一起。

超過八成的企業領導者認為，競爭對手不理性

我聽過商界領袖說過和里奇．艾里森類似的話：

「我們不知道他們會做什麼，因為他們不理性。」

「我們不需要擔心他們會做什麼——他們沒邏輯，所以我們無法得知。」

「如果每個人都理性行事，事情就簡單多了！」

如果我每聽到一位高階主管講出類似的話，就能得到五分錢，我就不需要寫這本書，早就在南太平洋的某座小島上過著退休生活了。但只有我這樣嗎？總是和那些認為競爭對手不理性的企業領袖共事，是我比較不幸運嗎？我也很常聽到這個說法：企業領導者沒有真的說（或認為）他們的競爭對手不理性。

為了找出答案，我做了一項調查，其中包含兩個簡單的問題：你的競爭對手多常做出非理性

行為？他們每隔多久會讓你感到出乎意料一次[2]？我發現，如下方圖 1-1 所示，有四%至一四%的調查受訪者表示，在十三種不同類型的策略決策中，他們的競爭對手從未表現出非理性行為[3]。

八六%至九六%的受訪者認為，他們的競爭對手至少會在某些時候表現得不理性；有半數受訪者估計，他們的競爭對手至少有二六%至五〇%的時候會做出缺乏邏輯的行為。只有五名受訪者在十三個類別中全都給出〇%的答覆，也有一名受訪者表示，他們的競爭對手在一〇〇%的事情上，都顯得不理性。

另一個問題是對手出人意料的行為有多頻繁。我納入跟前述相同的十三個類別，以同樣方式計算頻率的百分比。如下頁圖 1-2 所示，頻率分布看起來非常相似，但並非完

圖 1-1　受訪者認為競爭對手採取非理性行為的頻率

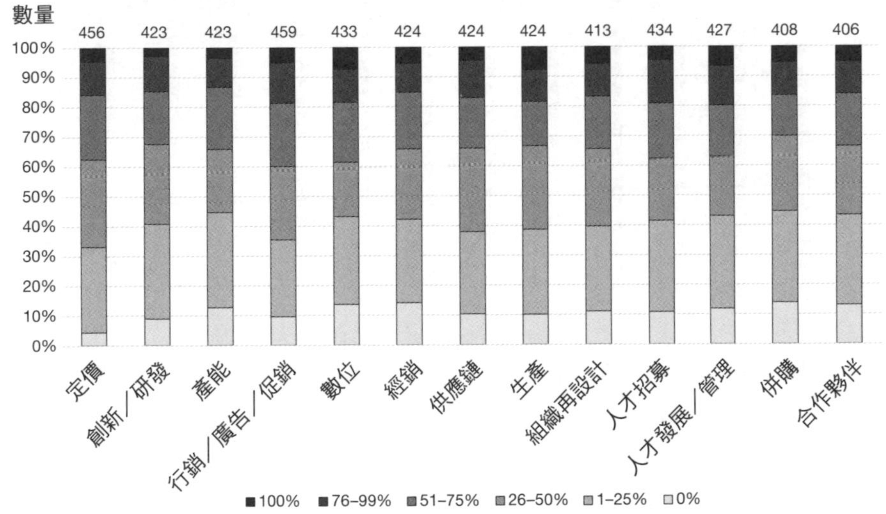

＊不包括對該類別回答「不知道」的人；受訪者總人數為 519 人。

全重疊。在這十三個類別中，受訪者大致上對其中四個類別的想法，與前述非理性與否的問題相同[4]。然而，他們給出的回覆並非完全隨機。

平均來說，在十三個策略選擇中，受訪者只有三次會在同一個策略中，針對兩個問題給出差異超過一個百分點的答案；例如，他們對非理性與否選擇了一%至二五%的答案，但對於是否感到訝異，則選擇了五一%至七五%；又例如他們針對非理性與否回答出一個百分比範圍，但對感到驚訝與否回答「不知道」。

企業領導者認為，競爭對手不理性或令他們感到驚訝的情況並不罕見。事實上，我經常覺得這兩種情況會相互重合，而調查結果也驗證了此發現：當你覺得對手的行為出乎意料時，通常是因為那是你不會做的決

圖 1-2　受訪者認為競爭對手行為出乎意料的頻率

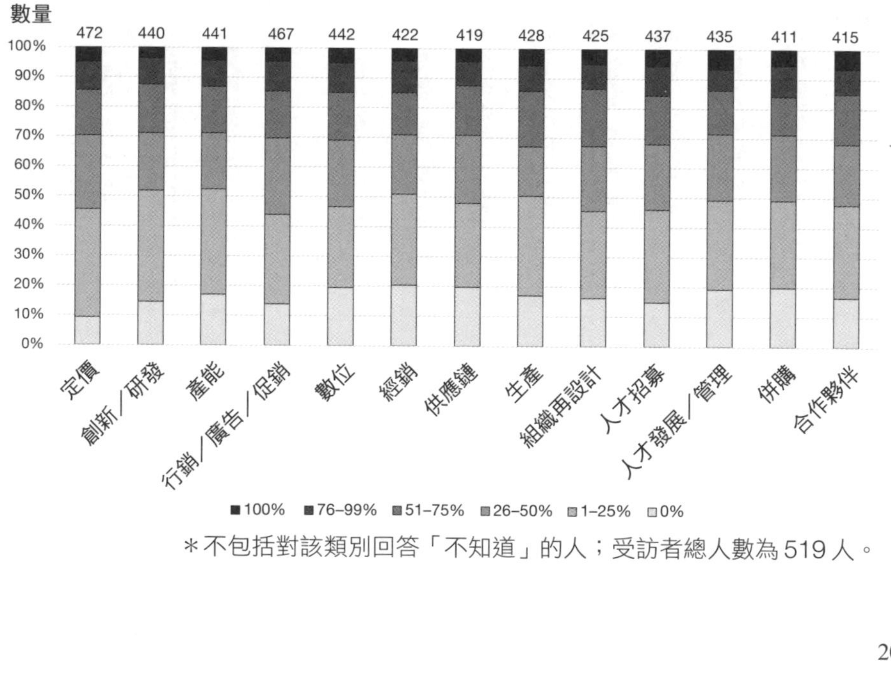

＊不包括對該類別回答「不知道」的人；受訪者總人數為 519 人。

定，或是你原本認為競爭對手可能會做，但仔細思考後覺得對方應該不會去做的事。

當我聽到企業領導人聲稱競爭對手不理性時，我通常會這樣回覆：「那他們的市占率有沒有提升？這樣做有辦法獲利嗎？」當答案為肯定時（針對這兩個問題，我多半都會得到至少一個肯定回覆），我會接著問：「能夠獲得市占率和賺錢，為什麼會是非理性的做法？」通常，對話到這邊就會稍微陷入沉默。

但是，競爭對手並不理性，對嗎？即使成果很好，這個決定本身不能算是不理性的行為嗎？他們不就是運氣好嗎？我們之後會看到，有些決定從我們的角度看來沒邏輯，但從決策者的觀點出發，利用他們手邊的資訊與他們嘗試達成的目標來判斷，就能看出這些決策往往極為理性。

為了建構這種另類思考方式，看看非理性的決策者是否真的存在，讓我們來討論一些非理性選擇的典型例子。我經常看到這類的策略行動，被決策組織外部的人士稱為「沒邏輯」的行為。請想想你的競爭對手是否有類似行為，在回顧這些例子後，我們將更深入探討如何由外而內、從更多元的視角解釋為什麼對手可能採取這些行動。

對手不理性，還是故意不理性？

以下是許多「非理性」的案例，有些例子已經眾所皆知，但請先和我一起回顧，以確保我們的觀點一致。

● 故意做出非理性行為？

美國南部的一位小銀行家，在該州各地擁有幾家分行，並能從中獲利。然而，這位在地銀行家會定期將貸款利率，降低至接近其資本成本，將存款利率提高至接近借款利率，並降低定價，使其利潤幾乎趨近於零。

他為什麼這麼做？如此激進的定價造成利潤上的損失，豈不是很奇怪？在看似「隨機」的時間點這麼做，不會很不合理嗎？

● 照照鏡子，相似的人就該做一樣的事？

我為一家運輸／物流公司（這裡用 ShipCo 代稱）提供諮詢服務，協助他們了解產業內部的競爭壓力，以及隨著產業的發展，思考如何在其商業網路內採取較佳的策略行動：包括未來該購入什麼車款、該買多少輛、主要應該跑哪幾條路線才能提高市占率、如何針對不同的客群差異定價等。[5]

我們當時正為一場商戰遊戲做模擬設定，一位客戶團隊的成員詢問我，是否應該納入倉儲容量的變化。結果，客戶團隊的領導人立即反對，因為主要競爭對手的倉儲策略不甚合理，市場沒有成長且產能過剩，但這名對手卻在過去十八到二十四個月內，增加了四筆倉儲資產。如果現有倉儲能力已經足以服務整個市場，對方為什麼還要提高？如果對方真的那麼不理性，那 ShipCo 何以了解對方未來將如何使用倉儲資產？

該競爭對手在許多方面都與 ShipCo 極為相似：他們服務的地區大多相同，市占率和提供的服務相去不遠，因此，競爭對手的行為顯然應該要像 ShipCo 一樣。如果對方沒有這樣做，一定是因為他們不理性。

● 刻意破壞價值？

二〇〇六年七月，英國有線電視供應商ＮＴＬ從英國億萬富翁理查・布蘭森爵士（Sir Richard Branson）手中，收購了維珍電信（Virgin Mobile），布蘭森也成為公司合併後的最大股東。這次合併的目標是為了完成電信界宣稱的四合一整合：有線電話、電視、寬頻網路和蜂巢式網路。

那年秋天，新成立的維珍媒體（Virgin Media）決定競購英國獨立有線電視製作商和廣播公司ＩＴＶ，目標是鎖定ＩＴＶ的有線電話家庭用戶，希望他們選購新的行動服務；同時利用ＩＴＶ現有的基礎設施（與ＮＴＬ擁有的基礎設施不同），讓維珍電信的既有用戶也可以註冊家用有線電話服務。

二〇〇六年十一月，衛星電視供應商英國天空廣播公司（BSkyB）收購了ＩＴＶ一七・九％的股份，這間廣播公司由魯柏・梅鐸（Rupert Murdoch）管理的國際媒體巨擘「新聞集團」（News Corp）持有並經管。這次收購讓 BSkyB 能夠否決任何擬議的收購提議，他們也很快的這麼做。就當時的估算顯示，BSkyB 花了約二％的市值收購ＩＴＶ股份，同時損失原本可以從維珍媒體支付的收購溢價中獲得的利潤。還有什麼比把二％公司價值浪費在沒有立即回報的投資上，更不合理的呢？

● 點石成金，還是冥頑不靈？

一九九六年，通用汽車（General Motors）在加州推出了全新的純電車ＥＶ1，有部分原因是為了應對加州的新法規，該法規要求汽車製造商在其車系中加入零碳排的車款。然而，通用汽車在一九九九年停止生產ＥＶ1（當時總共生產了一千多輛），並於二〇〇二年停止將該車款租借給新客戶使用。

這個時間點是豐田（Toyota）於一九九七年，在日本推出混合動力車Prius的五年後，亦是本田（Honda）在一九九九年（約是Prius於二〇〇〇年進入美國的幾個月前）於美國推出Insight油電混合車的三年後。當時混合動力車似乎代表著綠能車款的未來。

雖然能夠租賃ＥＶ1的極少數消費者，對該車款甚為青睞，但通用汽車擔心該車款永遠無法獲得足夠市占率，因為其價格比內燃機引擎車高上許多，而且電動車充一次電沒辦法跑很遠，無論配置哪種電池，ＥＶ1的最高里程都不會超過一百四十英里（按：約兩百二十五公里）。此外，缺乏充電站代表很難將這輛車當成主要交通工具。

但在二〇〇三年，也就是通用汽車從客戶手中收回最後一輛ＥＶ1的兩年後（他們銷毀了大多數車輛，並永久停用剩餘商品），特斯拉（Tesla Motors）成立了。儘管混合動力車在汽車市場的市占率持續成長，但當年在美國的銷量還不到五萬輛，算不上是市場即將起飛的響亮訊號。此外，電動車的生產和購買成本較高，功能也不如油電混合車，而且幾十年來，從來沒有人創辦過一間大型的電動車廠，為什麼特斯拉的創辦人，會選在那時候成立一間純電車車廠？

●「小弟」就是頭腦不清楚？

幾年前，建築業有家大型建材公司，難以理解為何市場上規模較小的同業會不斷增加產能。這是一個成熟的行業，大公司在市占率上具有領導地位，而規模較小的企業增加產能，造成業界生產能力過剩，隨之下修的定價也帶來了壓力，這令大型企業感到不安。

這間大型企業很困惑：在一個產能過剩的成熟市場中，增加生產能力是不合理的情況！那些小公司是不是單純不了解，要怎麼在固定資本成本較高的產業中營運？但是更難懂的是，這家新創公司是由業界大公司的某前員工創辦，所以他們應該要很清楚這個產業的運作規則呀！

●成為情勢下的受害者？

長期以來，百事可樂（Pepsi）一直在泰國具有領先地位，是百事可樂少數幾個銷售量能夠持續超越可口可樂（Coca-Cola）的國家之一。但在二〇一三年初，他們的市占率不僅輸給可口可樂，排名還落到第四，輸給新成立的新創公司 est（二〇一二年底成立的在地可樂製造商）和 Big Cola（哥倫比亞的軟性飲料製造商旗下產品）。

est僅有幾個月的銷售經驗，究竟如何擊敗市場領導者百事可樂？百事可樂為什麼沒有好好關注事業發展最成功的國家，讓競爭對手得以崛起？泰國是東南亞人均軟性碳酸飲料消費量最大的國家，百事可樂管理層也密切關注產業的新進對手，因此，理論上來說，est的發展應該難逃他們的關注。

不理性的背後，都有合理的解釋

成為優秀策略家的一個要點，是了解競爭狀況及其他利害關係人，想做到這點，就得從競爭對手面臨的限制來衡量情勢。讓我們重溫這些故事，並為他們加入更多背景資訊。與此同時，也會說明每個案例中的哪些部分，強調了我在本書後續章節中要討論的概念。

●削減利潤是為了趕走競爭者

前面提過，有位南方的銀行家引起了國際型的大型銀行注意。其中有些銀行曾試圖進入這位銀行家所在地區的市場，他們發現，自家銀行的間接成本比對方的低，可以快速提升市占率並帶來利潤。

在進入市場時，這些大型銀行的產品定價落在一定的範圍之內，意思是他們知道，即使搶走了本土銀行的部分市占率，對方還是能獲利。然而，這間本土銀行卻突然降低貸款利率，同時提高存款利率，讓他自己的獲利能力——以及其他大型銀行的潛在利潤——趨近於零。不可避免的是，這麼做會迫使那些國際型銀行關門大吉，離開該地區的市場。經過幾番嘗試之後，那些國家型銀行後來有好幾年都沒再涉足該地區。

從當地銀行家的角度來看，這是完全理性的行為，因為能夠盡可能維持他在當地長期的壟斷地位。但對無法立足該地的大型銀行來說，這卻是所謂的非理性行為，對他們來說，當初的定價不就是為了不搶走全部的市占率，讓本土銀行家能維持獲利能力嗎？難道對方沒有發現，大家可以在市場上共存嗎？

我們通常會將希望競爭對手採取的行動，投射到對方身上，像是不刻意發起價格戰，對我們來說，那是最好的行動，可以讓我方公司表現得更好。當競爭對手不照著做，我們就會認為對方的行為沒邏輯。然而，如果多花時間從對手的角度審視這個行業，並考慮他們現有的資產和資源（例如對手無法將市場拓展到全國各地，以求與大型銀行競爭），通常就會意識到他們的行為其實很理性，因為這些做法能帶來最好的成效。

● 勉強擴產才能追上對手的規模

這家運輸／物流公司的主要競爭對手，也就是在過去兩年增加四間倉庫的那間公司，顯然不太理性。如果他們是業界大型、成熟的企業，並非處於成長階段，那就應該很清楚，他們沒理由在市場中投入更高的產能。這不是小規模企業在成長過程中搶走市占率的案例，而是目前市場的領航者未來將流失市占率，也無法快速成長的情況。

然而，當客戶的主事者形容對手不理性時，我的耳朵就豎起來了。我回答道：「你說得對，這看起來確實很不合理。」我停頓了一下，之後開口：「我很好奇，過去兩年內，你們增加了多少間新倉庫？」

客戶狐疑的看著我。「什麼意思？」

我說：「我是想知道，你們在同一段時間裡，有沒有對倉儲狀況做任何調整。你們有沒有一直減少倉儲空間，讓業界的產能變得更加合理？」

客戶回答道：「沒有，我們在鳳凰城新增了一間倉庫（為了保護客戶身分，所有城市名稱均已更改），擴大了費城的廠房，在亞特蘭大地區增加了兩座新廠，在納什維爾也增建了一間廠房。」他停頓了一下，問了另一位成員：「我們有擴建位在科羅拉多泉（Colorado Springs）的廠房嗎？」

「沒有，」該成員答道：「我們蓋了一間全新的。」

總之，客戶在競爭對手增加四間倉儲設施的同一時期，增加或擴建了至少十二間廠房。我向客戶總結這個數據，並問道：「那麼，如果你現在坐在他們的公司總部，你對 ShipCo 增加十二筆新資產會有什麼看法？」

「ShipCo 很不理性。」他停頓了一下，補充說：「但是我們增加這十二個廠址，都有充分的理由！」

我沒有反對他的看法，但我也明確指出，競爭對手算是相當克制，擴增的資產數量只有ShipCo的三分之一，而且對方擴張可能也有很好的理由，就算這個理由只是為了追上ShipCo。

在第一章和第二章，我們將深入探討如何有結構、有系統的透過競爭對手的視角檢視世界。

● 損失自家市值，好斬斷對手壯大的機會

當BSkyB拒絕NTL收購ITV時，布蘭森立即嚴聲駁斥，他聲稱：「這是公然阻止強而有力的競爭對手出現，來進一步扭曲競爭局勢。」[6]但美林證券（Merrill Lynch）也估計，BSkyB的做法其實是在摧毀自身公司二%的市值，來「阻止他們最大的競爭對手（NTL）收購一家公司（ITV）的機率，這有可能會在未來，為該有線電視營運商帶來一些競爭優勢，所以似乎是個合理的代價」。[7]BSkyB購入控股權以阻止收購，是完全合理的事情。但維珍媒體又怎麼會曉得這點？

首先，在一九八〇年代中期，布蘭森曾是贏得英國衛星廣播牌照這一政府採購案的財團成員，結果梅鐸的新聞集團在英國推出天空電視臺（Sky TV），搶先了他們一步，也因為使用一顆繞行於西班牙上空的衛星，所以不受英國管轄。因此，布蘭森體會過梅鐸如何藉著改變遊戲規則來取得勝利（一開始是英國衛星廣播公司〔British Satellite Broadcasting〕獲得政府頒發的牌照，後來他們與天空電視臺合併，成為BSkyB公司）。

但那是將近二十年前的事了，所以或許我們不該覺得布蘭森會記得這件事。然而，在二〇〇

六年十月，梅鐸在澳洲的紙本媒體《每日電訊報》（*The Daily Telegraph*）買下《雪梨晨鋒報》（*Sydney Morning Herald*）七・五%的股份。當被問及原因時，梅鐸表示：「這只是為了讓其他人很難買下該公司。」而且他們可以在「有競爭對手出現時，將股份提高到一〇%」[8]。換句話說，新聞集團採用了一個月前才在英國NTL與ITV事件上用過的同一套策略！

要透過梅鐸的視角來看世界，可以再進一步以結構化的思維，探討競爭對手會如何針對你的特定行動做出回應，我們將在第三章中介紹這一點。雖然我們不能保證利用這些觀點，就能預測到梅鐸購買ITV股權的行為，但如果有做到這點，維珍媒體較可能預見對方會做出的反應，預先建立收購要點，盡量預防到最後一刻才出現阻擋他們收購的可能性。

● 反向操作，是在等待市場成熟

特斯拉出產的第一款車是跑車Roadster，售價超過十萬美元。車子的引擎蓋下有強大馬力，不到四秒的時間就能從零加速到六十英里。相比之下，EV1需要八秒鐘才能達到同樣速度。

Roadster的銷售對象是高端買家，而EV1出租給司機，租賃價格推估落在三萬四千美元。Roadster的尊榮定價，向車主彰顯了車款的非凡地位，而且與EV1還有另一個差異：Roadster充電一次即可行駛近兩百五十英里。

當通用汽車停產EV1時，想要租借該車款的等候名單很長，這代表消費者確實想要電動車。但特斯拉並不急於滿足市場需求，他們從公司成立到交付第一輛汽車，總共花了五年，目的是為了解決最初的一些設計問題。他們與Lotus簽訂合約，讓其製造汽車底盤，所以特斯拉能專注研究為車輛提供動力的電池和馬達。

與Lotus的合約結束後，特斯拉轉向生產Model S轎車，該車款於二〇一二年首次上市。該型號取代了Roadster，但保持一樣的高定價，起售價為五萬七千四百美元，最高價則來到八萬七千四百美元。到了該年年底，已經有一萬五千人預訂。現在大家都知道，特斯拉不僅是世上最有價值的汽車公司之一，也一直是電動車界的龍頭。

他們是怎麼成功的？特斯拉對市場的進攻，是從上方開始，而不是由下而上。他們出售高級車款，為自己提供了額外的財務緩衝（他們早期處於虧損狀態，但如果以更低的價格出售汽車，虧損情形會更嚴重），同時也關注EV1在市場的成敗。二〇一七年，特斯拉的董事長兼執行長伊隆．馬斯克（Elon Musk）在推特上（譯按：於二〇二三年更名為X）表示：「當通用汽車在二〇〇三年強制收回客戶手中所有的電動車，丟到垃圾場壓扁報廢時，我們創辦了特斯拉。」[9]

其他老牌汽車公司有預料到特斯拉的出現嗎？他們都在關注通用汽車的EV1實驗，當時他們主要關切的是油電混合的引擎技術，於此同時，特斯拉耗時五年開發Roadster，所以這些車廠其實也有機會去了解特斯拉的計畫（特斯拉除了與Lotus合作，還跟大型汽車零件供應商博格華納〔BorgWarner〕簽訂合約）。而且，馬斯克是一位連續創業家，他在先前的創投案例中，也不斷顛覆其他產業原有的認知。

在第四章中，我們將探討如何針對當前或未來潛在的競爭對手，預判他們的突發行為，更精準的分析出這些行動會在何時、以何種形式發生。在第五章，我將提供其他面臨類似挑戰的專業人士的見解。由於大部分司法管轄區的反壟斷法，讓企業無法直接詢問競爭對手打算做什麼，或先前為什麼有那樣的決定，而偵辦凶殺案的刑警、新生兒加護病房（NICU）護理師、古生物學家和考古學家也面臨同樣的困境，透過與二十多位上列專業人士的訪談，我們為企業領導人總結出最佳的實務做法和個中祕訣。

● 從自己的角度看市場，不管產業龍頭怎麼做

前文提到，有家建築材料公司請我們協助設計、主導商戰遊戲，以了解業界的定價策略和產能動態。

遊戲過程中，扮演小型新創公司的隊伍，一輪又一輪的增加產能，並在每一輪都獲得最高的市占率成長幅度和利潤。反觀客戶公司和其他較大型的企業，市占率皆持續下跌，也因為他們試圖下修價格，以防止市占率進一步流失，使得利潤也受到侵蝕。這種情況一直持續到最後一輪，新創團隊的市占率成長幅度或利潤水準，才不再稱霸業界。

作為工作坊負責人，我們注意到也很訝異，扮演小型新創的團隊在最後一輪沒有增加產能，因為在那之前，這種做法是個致勝公式。在遊戲結束後隨即進行的檢討會上，我們詢問新創隊伍為何在最後一輪不選擇增加產能，得到的答案是：「我們開始用原本的身分思考（也就是套用客戶自己公司的世界觀，認為增加產能不是個好主意），所以沒有增加產出。」我們接著告訴扮演

新創公司的團隊，如果他們按照前幾輪的做法持續增加產能，將再次獲得更高額的市占率成長和利潤。

我們要求對方解釋，為何選擇在每一輪（除了最後一輪之外）都增加產能，他們解釋說，從公司的財務預報來看，增加產能實屬合理。他們關心的不是大型業者正在流失市占率，也不是對方產能過剩的問題，而是自己所扮演的公司生產能力有限，所以每一輪都需要提高產能。他們的想法就是如此單純。客戶團隊的其他成員立刻意識到，那間小公司的舉動之所以顯得不合理，是因為大家不是從對方的觀點出發，而是從自己的角度來看市場。要是從新創公司來看，大家也一致認為自己會選擇增加產能。

雖然這種不對稱性，在面對不同規模的競爭對手時往往最為明顯，但同樣的原則也適用於任何類型的不對稱關係，包括不同的資源、關係網路、知識背景或能力。我們看待世界的方式，要從擁有這些不同「玩具」（toy）和使用它們的各種心態出發。

商戰遊戲是探究競爭對手行為的絕佳演練，這種練習不僅迫使參與者要考慮到產業中的其他業者，還得從他們的角度採取行動，比起單純閱讀和謹慎思考報告內容，這種高度的參與可以帶來更深刻的理解（不過，查看報告至少比什麼都沒做來得好！）。

商戰遊戲工作坊還可以讓策略開發更具創意。從另一家公司的觀點參與市場活動，可以提升我們擺脫例行公事的能力。突然鬆開「我們通常如何做事」的枷鎖之後，這股自由感會釋放創造力，因為參與者不僅要提出有創意的想法，也得試圖在遊戲中獲勝。工作坊的其中一項成果，是條列出代表競爭對手的隊伍，在遊戲過程中所發展出來的所有可能行徑，而對於獲勝的人來說，問題便是：「我們可以採取這個行動來先發制人嗎？」

最後，競品分析練習對於凝聚團隊和建立共識非常有幫助。如果只有一個小組在閉門會議中討論出競品分析結果，那麼領導團隊的其他成員，對成果的接受度可能不會這麼高；但如果整個團隊都積極討論競品洞察內容，就會產生相同的理解和共通的語言。我有一些客戶，多年以後在繼續討論產業和策略的未來走向時，還會提起跟我們一起做過的商戰遊戲，這種共同的記憶很難透過其他方式建立。

在第六章中，我將解釋什麼是商戰遊戲，以及如何進行這種演練（還有獲得競品洞察的其他練習方式），讓你可以在面對現實世界的挑戰之前，為策略行動做好更萬全的準備。

● 內部資訊未能共享，導致誤判競爭情勢

從外界來看，百事可樂似乎在泰國業務上，面臨了一些組織協調的問題。例如，他們曾在二○一○年嘗試收購泰國當地的經銷商 Sermsuk，但並未成功。接著，Sermsuk 和百事可樂於二○一一年達成共識，計畫於二○一二年十一月終止將近六十年的獨家經銷合約，屆時他們簽署的最後一份合約即將期滿；合約中的競業禁止條款正好也與經銷合約同一天到期，因此 Sermsuk 便能在隔天立刻開始銷售 est 飲品，也就是他們自家的可樂。

將近兩年左右，Sermsuk 一直在準備應對合約結束的狀況，因此他們早已為合約期滿一事做

足了準備。百事可樂雖然為了供應市場需求，已經在泰國建了一座耗資一億七千萬美元的裝瓶廠，但他們還在努力建立足夠的經銷管道，讓飲料能順利運送到零售商手上（百事可樂的經銷合作夥伴DHL有能力向較大的零售商供貨，但沒辦法鋪貨給大量的泰國小型商家）。此外，即便泰國消費者比較喜歡玻璃瓶，但百事可樂還是將包裝從玻璃改為塑膠瓶。

儘管這些情況或許可以歸咎於執行面的失算，但我們也可以想想，百事可樂內部是否有共享正確的資訊，讓所有人都確實理解，他們在泰國市場的領導地位已受到威脅。報告顯示，百事可樂最近經歷了大換血，品牌經理名單大幅變動（雖然我們不確定這會不會直接影響到百事可樂在泰國的品牌經理名單），因此在知識資產的儲備量上遭逢挑戰。而且事後看來，以下各個團隊顯然需要深入共享資訊：

1. 管理合約和競業禁止條款的律師群。
2. 知曉Sermsuk有能力開始生產、銷售自家可樂產品的營運人員。
3. 負責與DHL接洽，以及負責百事可樂新設立裝瓶廠的營運人員。
4. 基於可口可樂近期市占率的成長，因而了解對方可能會造成威脅的行銷人員。
5. 了解消費者對不同瓶身材質偏好的行銷人員。
6. 可以從裝瓶材料供應商那邊聽到傳言，知曉其他公司正在使用、試驗的材料為何，並將消息轉述給其他團隊的營運人員。

7. 協調、整合各類訊息的部門主管。

以上這些類型各異的訊息會在公司裡流傳，而這些全都不過是百事在泰國跟可樂業務相關的消息而已！

你要如何確保彼此能共享所有資訊，在經過分析後成為可付諸實踐的行動？一個運作良好的競品分析團隊，可以在這些情況下為你提供協助。競爭對手（或潛在對手）規模是大或小並不重要，重要的是，你的組織可以適當共享資訊，藉此做出競品分析。我將在第七章中說明競品分析部門的作用，以及如何與組織內的其他部門整合。

懂得同感，是重要的領導能力

我已預先假設，你現在已經確信，自己必須專注於競爭對手和他們的行為。從某種層面來說，你正在閱讀本書，就已經足夠證明這點。但在深入探討之前，我們先退一步來強調，為什麼加深了解對方，是所有策略家都應具備的關鍵能力。

● 對手決策通常會影響你的業務績效

你應該著重於了解競爭對手，最明顯的原因在於，我們幾乎可以肯定的說，對手會影響績效。很少有公司不會對產業中其他組織的作為產生顯著影響。事實上，永遠都會有一些特定的競爭對手，是每家公司都關注的對象，他們要不是潛在障礙，就是理想目標，之所以是關注對象，是因為他們會影響我們公司的成敗。你不用害怕這些人，而是要學習如何提升對他們的了解，這樣對方的行為就不太會讓你感到意外。

● 新的敵手可能從任何地方出現

商業策略家對產業的看法，正在從價值鏈的視角（上游供應商銷售給下游生產商，下游生產商再銷售給顧客）轉換為生態系的視角。生態系包括供應商和客戶，但彼此並非線性關係，供應商也可以是客戶，或是你在子產業（或其他產業）中的競爭對手；互補財（按：指需求量會互相牽動的商品，例如烤肉季時的木炭與肉、刮鬍刀與刀片）廠商則可能會變成供應商、客戶或競爭對手。你提供的產品或服務，現在有可能成為生態系中其他合作夥伴運用的平臺，讓他們可以建立自己的業務，也讓你的生意得以延續。

汽車產業在二十世紀的大部分時間裡，都是傳統價值鏈的代表，而現在這個產業正轉型成一個生態系，以汽車為平臺，將各種內容和創新合作夥伴串在一起。傳統汽車製造商正糾結於，該直接出貨給線上訂購電動車的消費者，還是透過經銷商販售，這樣經銷商過往的供應商（譯按：車商），可能會成為他們最大的競爭對手。

● 人人都有競爭者，獨占企業也一樣

所有公司都有競爭對手，無論是營利企業或非營利組織、上市公司或私有企業、壟斷者或在競爭激烈產業中經營事業的組織、老牌企業或有創意的新創公司，如果非營利組織和盈利企業提供類似的產品和服務，他們就必須與盈利企業互相競爭。

獨占者（如公營事業公司）向擁有替代方案的客戶出售產品（如分散式發電或使用電力取代天然氣，或是切斷有線電視服務，改為收看行動裝置或網路上的影片）；慈善組織會與其他公益團體爭奪有限的捐款；就算是自己開發了全新服務的創新企業家，依然要和利用不同方式提供類似服務的人競爭（也許其他做法效率較低，但仍在提供服務，例如Uber與計程車、Airbnb與飯店和汽車旅館，甚至iPhone在最初推出時，也與折疊手機、PDA產品「PalmPilot」、純GPS裝置及小筆電〔netbooks〕互相競賽）。

因此，即使你認為自己沒有競爭者，但對手確實存在！資源很有限，消費者心態也並非無限，所以別人帶來的限制總是會影響到你。如果你在面對競爭時做出錯誤回應，很可能就會撞上磚牆，而不是踏上通往成功的康莊大道。不過要是知道磚牆在哪，就可以繞過去、越過去或從下面穿過去，然後毫髮無傷的到達彼岸。

● 日常互動也需要換位思考

即使你依然不認為有必要擔心競爭對手，但總會需要了解某些對象。本書中解釋的框架和技術也適用於互補者（complementor，一路上幫助你公司的人）、合作夥伴、其他利害關係人（如工會、倡議型的投資者或非政府組織）、監管單位，以及會影響你組織的任何人。

這些框架和構想，也可以用來了解組織內的其他人，例如與你一起工作的同事、直接管理的下屬、需要用圓滑手段應對的老闆等，以及出現在你日常生活中的各個對象。我並不是建議你在和伴侶討論是否購買新房前，都要先跑一次商戰遊戲，但是換位思考的心態，在日常互動中也同樣重要，須了解對方的觀點、面對的限制和決策過程。

因此，即使你不認為自己需要擔心競爭，或是身在非政府組織或政府單位工作，你還是能藉此提升同理能力，能夠同感互動對象，這對所有領導人來說都很有價值。

對手不理性？是你先不理性

既然我已經說服你，無論身在哪種組織，本書都有些部分能用在你身上，現在，讓我們回到競爭對手是否不理性的問題。

前面所有故事都有一個共通主題：從組織外部來看，這些決定看起來都不理性。我認為，「不理性」一詞的適用範圍有點太廣了，行為經濟學家只會在非常特定的脈絡下使用這個術語。許多經濟思維背後的假設，都是建立在某種「理性」之上，行為經濟學家也指出，人類實際行為與這些預設規範不符的所有情況，而他們並沒有說錯。

我沒有要反駁過去幾十年來，經濟思維最大的一項進步，因為我完全同意這項思維！然而在實務上，我們在使用不理性一詞時，比較少關注背後的理論基礎，而是聚焦在前面討論過的內容：他們的選擇不太合理或令人驚訝，可能是因為那不是我們會做的選擇（或不是我們想要他們去做的事）。這種觀點引發了另一類偏見，讓我們在與他人互動時，無法真正同理對方。

如果你想表達的其實是「令人驚訝」或「令人困惑」，那我希望你可以不要再說「不理性」，而要將真正的非理性行為定義為不符合自己最佳利益的行為，也就是明知道對自己有害還是這樣選擇，或是完全隨機且未考量當下實際狀況的行為，像是蒙眼對著世界地圖射飛鏢，來決定國際擴張策略。我認為上述做法是非理性的（但其他可能不見得），因為，嘗試蒐集數據並加以分析，這些過程總有其價值。你可能沒有得到正確的數據、做出正確的結論，但至少嘗試過，這比隨機決定更好。

仔細觀察後會發現，前面例子中各企業領導人所做的選擇，在你眼裡很不理性，但如果從他們的角度出發，突然就合理多了。我的論點是，這是非理性行為的主要源頭——這些行為並非真的不理性，只要從對方決策者的角度出發，便可獲得清楚、理性的解釋，因此這些是可以預測的行為[10]。

我們經常誤以為競爭對手（和其他利害關係人）的決定沒邏輯，這是因為，我們把自己的思考框架、對事實的認知、時程安排和分析技能，強加到他人的問題上；又或是，忘了其他人也會受到常見的決策偏見影響，所以我們心中也出現了偏見！假如我們以對方的框架、認知、時程和技術來思考，他們所做的選擇就會明朗許多。

這不代表一切都能合理化。以相同的事實為判斷基礎，某個行為在短期內可能顯得合理，但從長期來看不見得如此。以市占率最大化為目標所執行的理性行為，並不一定能讓邊際利潤也最大化（但可能可以讓總利潤最大化）。

我的同事彼得・鮑姆加登（Peter Boumgarden）提出了一個有趣的思想實驗，試圖協助釐清這點：「如果你認為每個人都不理性，那你身處這個世界當中，會有什麼感受？現在，想像一下你改變了立場，認為每個人都做出了純然理性的決定，這又會如何改變你的世界觀？」

我顯然屬於第二個陣營：**每個人都是理性的，但他們有不同的天賦、偏好、目標、過往和風險承受能力，這表示**我們應該都**會做出不同的決策**。如果預設每個人都不理性，這會讓我們不願嘗試理解他人（因為他們不理性！），這是很危險的事。一旦我們相信來自他人的刺激都既隨機又不可預測，那麼不管是在街上行走、在關係中與人互動，或是計畫未來時，我們都會開始隨機改變自己的行徑；或者，我們會回應他人的隨機行為，但做法可能是默默低頭努力前進，或是祈求好運降臨，希望他人不會妨礙我們，也不會有壞事發生。這兩種做法都不太令人舒心。

反之，我和周遭人事物互動時，更傾向假設其他人都有人生目標，我只需要弄清楚這些目標和背後原因。在以最佳做法來實現目標時，我會先評估，若要從他人身上獲得必要的協助，或是避開他們對我設下的障礙，最合適的方式是什麼。我會打好人際關係，在社群和更廣大的社會中創造雙贏，跟他人建立更緊密的連結。這就是美好生活的祕訣。

本書的其他部分，會幫助你了解如何像競爭對手一樣思考、在實務上應用這些概念，以及如何重新設計你的組織，並落實這些技巧。這個世界很瘋狂，但瘋狂的源頭常常就是你自己：因為你會不理性的假設其他人都跟你一樣不理性。打開雙眼，接觸世界，體認到每個個體都不會完全相同。欣賞世界的多元風貌，你就能開闢一條屬於自己的獨特路徑。

第一部

再不理性的策略，都有規則可循

第一章

如果我是他，會怎麼做？

一場高水準的運動賽事，需要兩支隊伍都做好萬全準備，各球團也要專注於自己內部的狀況。球員和教練必須不斷練習特定戰術，臻至完美，以便在比賽中順利執行。

然而，球隊不能只關注自己的表現，還要留意未來會遇到的對手。要追蹤對方過去的表現、優勢及弱點，還要分析在即將到來的比賽中，對方會處於何種定位，以及是否有人員上的變動，進而影響策略。然後，他們需要預測對手可能採取的戰術，以便從自己的兵法中，選出最好的戰略加以演練，為即將到來的比賽做好準備。

運動團隊已經開發出一些方式，來幫助他們深入了解競爭對手。其中包括：

1. 指派球探觀察對方比賽。
2. 觀看大量的對手比賽影片。
3. 收看對手的新聞發表會，並閱讀關於他們的文章。
4. 詢問曾隸屬對方球隊的球員和教練，打探消息。
5. 追蹤對方對於球員傷勢的說詞。
6. 觀察對方球員和教練的人事變動（包括從內部晉升上來的人員）。

透過彙整這些訊息，總教練可以從競爭對手過去的行為來了解他們（查看比賽錄影或直接到場觀察），辨識對方球員的調度狀況，評估特定球員的缺席（或傷後復出）是否會影響他們執行戰術的能力，並根據比賽當天有哪些教練上場，來更新比賽戰略。

將這些預測內容匯整在一起後，總教練便能擬定球隊的比賽計畫。而厲害的教練不會止步於此，他們還會不斷評估比賽狀況，特別關注對手在原定計畫外所做的任何變動。在比賽休息時（半場休息、暫停等），如果這些管理人員認為，原來的計畫已不符合當天的實際賽況，就會調整策略。

聰明的商務人士也用類似的做法，來了解並超越他們的對手。他們思考對方的言論和行為、新增的資源（或失去的資產），以及領導團隊的變動，再將上述所有資訊，結合當下觀察到的實際狀況，以便隨時更新洞察分析。

要了解對手陣營，有以下四個步驟：

1. 仔細留意公眾傳播資訊和公開行動。
2. 評估對方的資產和資源。
3. 考慮人為因素。
4. 預測、觀察、調整。

在本章節，我將強調這四個步驟與商場環境的關係，以及如何將兩者結合成一套連貫的流程，以深入了解對手的想法[1]。

當然，以運動賽事的脈絡思考競爭者很有趣，但更重要的是，要知道如何將這些想法應用於數百萬美元的市場，藉此了解你的對手。正如球隊可能會因為不守規則，而在聯盟中陷入麻煩一樣，例如美式足球隊新英格蘭愛國者（New England Patriots）錄製對手的訓練情形（按：又稱間諜門〔Spygate〕，發生於二〇〇七年）。我的建議是，不要監視對手，也不要使用有疑慮或非法的手段蒐集資訊；反之，精明且具有競爭意識的商業人士，會極盡所有可用的合法手段，來蒐集競爭對手的相關數據、實際狀況和訊息，再綜合成對競爭者心態的合理預測。

第一步：聽聽他們說什麼，用字、停頓都是線索

競品分析的第一步，涉及大多數人所認定的競爭情報：注意對手的言行。在此階段，有一連串的資料來源能發揮作用，像是年度報告、營收會議、公司領導人的演講、新聞稿、產業展會的攤位或公開發表，還有新聞文章。

上述資訊都是適合了解競爭對手的第一步，但它們不能只是一疊放在架子上（或共用雲端硬碟裡）的文件。首先，你必須閱讀這些資訊，連結並比較當中不同的線索，至少必須確定對方的公開聲明是否一致。像是，他們的執行長提到正在考慮擴展印尼市場，但亞太區負責人卻在談論越南市場？研究人員在產業會議發表時提到腫瘤藥物，但新聞稿內容卻大肆宣揚心血管藥物的臨床試驗？

如果競爭者內部各個層級的說法一致，那你應該要確信，他們說的與正在投入的事項相符。確實，這也可能是個巨大陰謀，要誤導你和其他敵手，但是只有紀律嚴明的組織，才能讓大量內部人員始終如一的傳達同一件訊息，不會讓相互矛盾的資訊外流。

另一方面，**如果對手公司內的每個人都在談不同的事，那你應該質疑他們內部是不是很混亂**（如果這會拖慢他們做決定的速度，那可能對你有利），**或故意想誤導你**。所以，除了「他們說了什麼」之外，你還必須注意第二件要素：他們如何描述這些事。

注意對手陣營對外溝通時的語調、重點、語境，以及其他所有非語言訊息。同樣的字詞可以用不同講法來傳達不同意圖。以「right」（按：可用於表達「沒錯」、「是嗎？」等含意）一詞為例，你可以用諷刺、強調、質疑、鼓勵、懷疑、威脅，甚至誘惑語氣來說這個詞。同樣道理也可應用於商界領袖在會議上的發言，他們可以忽略問題、不予理會、簡短回答、熱情回應、喋喋不休的做無關緊要的解釋，或是轉移問題焦點，岔開話題。

如果你讀的是相關說詞的逐字稿，可以找出字面外的意涵，並推定對方使用某些字詞的背後目的。很多時候，聽一下相關發言的實際音檔會有幫助。**談話者在回答問題時，是否經常停頓**（這些停頓不管是出現在回覆之前，還是穿插在回覆當中，都可能不會紀錄在逐字稿內），**或者盡量快速帶過？**停頓表示對於回覆感到不確定、緊張或戒備，快速帶過則可能表示厭煩、有自信，或不耐煩的想趕快切換到其他話題。

好消息是，許多公司會上傳他們的會議影音到投資人網頁專區，可以直接下載上市公司的會議音檔。至於私人企業，要關注的是領導人在新聞節目或演講中發表的內容，有些會錄影並上傳到網路。如果你上網到處搜尋，會發現這是個很好的資訊來源，但你必須清楚自己要找什麼，不要只是無謂的隨意蒐集資訊。

此外，你還應該關注競爭者過去的所作所為。正如我在長大過程中聽過的那句話：「坐而言不如起而行。」好好探討對方過往的決定是否存在某些既定模式，例如重大作為都是在一年中的特定時間點執行、變革通常都從某個地方或以某種方式開始，又或是在採取新策略之前，領導層通常會有變動等。

對手不一定會重複做過的事，但如果過去的作為呈現出明顯規律，那就有助於描繪他們的整體心態。

關注競爭對手的言論聽起來很容易，而且多數公司都說他們「早就這樣做了」。不過，關注和用心做好是兩回事。請確保你或你的公司內，有人投入充足的時間，來分析這些字詞及表達方式。一旦你了解對手都說了些什麼（以及如何說這些事）之後，就能轉而思考他們能做什麼。

第二步：他們可以玩什麼把戲？有哪些資產和資源

如果競爭對手表示，他們計畫將產品銷售範圍拓展到一個新國家，但在該國沒有行銷人員，也沒有任何經銷資源或合作夥伴，那他們必然很難實現這項計畫。在此階段，你應該開始關注他們，評估對方在執行策略時，有哪些資源可派上用場。

我喜歡將這一步稱為：「他們可以玩什麼把戲？」有哪些資產、資源、能力和競爭實力可以幫助他們成功？可以使用什麼東西來執行你在步驟一辨識出的策略？這些資產和資源，包括生產和經銷能力、人力資本、專利、知識、合作夥伴關係、現有市占率、財務資源、品牌、聲譽、地區覆蓋和內部組織流程。

當然，了解對方會玩些什麼把戲，比留心他們的公開資訊更困難。一般來說，你無法走進他們的辦公室或廠房到處查看，也不能和他們的人資部門談論人事流程。但即使無法直接詢問，你還是可以蒐集到跟這些資產和資源有關的資訊。對於上市公司來說，**有關財務資源、市占率和地區覆蓋等資訊，通常會涵蓋在向投資人揭露的資訊中**（通常是各地法規強制規定的內容）。**與夥伴的合作關係，通常會在新聞稿和新聞文章中宣布**。品牌價值和排名則由獨立的單位來評估，且如果**競爭對手夠大，甚至可能會有新聞來介紹他們的行為動機**。

你會在分析師報告中找到類似的資訊，特別是對方的能力和競爭實力，分析師經常會針對這部分發表意見。不過，不能因為資料是書面報告，就相信內容無誤，確認過這些資訊符合公司對競爭者的優勢分析，你才可以更放心的多信任這些報告一點。

神祕客（按：mystery shopping，受僱裝扮成普通顧客來檢查商店及企業服務品質）和逆向工程（按：reverse engineering，分析及研究既有產品，以製作出功能相近，但又不完全一樣的另一個產品），是另外兩項可以用來蒐集資訊的技巧，應對產品面的競爭者時尤其適用。他們如何銷售產品？利用哪些通路？消費者怎麼購買？產品組成為何？這些經過驗證的方法，對新產品來說特別合用，可以驗證領導層的發言（步驟一）是否與市場上的實際產品相符。

用來追蹤公司網路聲譽的軟體，是另一項極佳的工具。許多公司會使用這些軟體，來檢視他們的社群媒體內容和策略，是否對公司形象帶來正面影響。現在換個方向來使用同樣的軟體，改用於評估競爭對手的網路聲譽。

對方最近的產品評論趨勢是正面還是負面？顧客在購物網站上留下哪些評論和回饋？使用文字探勘軟體，尋找大眾對於自家與對手產品的比較，以了解對方在哪些方面具有優勢。測試你認為對競爭對手成功至關重要的某些關鍵字，看看是否出現在用戶所留下的評論中。

確實，儘管你不能相信網路上的所有內容，購物網站上的評論也不一定有意義，**但如果你會利用這些工具來評估自己的表現，那應該也用同樣的工具分析對手**。你可以（選擇性的）針對雙方的關鍵競品（包含產品或服務）評估，了解對方在這方面的聲譽。

這裡需要記住兩個關鍵原則。首先，你需要鎖定對業界來說有重要意義的資產和能力。例如，在製藥領域，研發和專利非常重要；在耐久財製造業，產能和供應鏈是關鍵；對於消費品，品牌和零售通路是很好的起點。你了解自己所處的產業，也知道對手拿來彰顯他們與眾不同的宣傳賣點為何，那麼就要鎖定這些資產和能力，而不是套用通用、現成的檢驗清單。

第二個原則是注意背後的驅動力，而不是只看結果。以專利為例，你一定要追蹤對手陣營擁有的所有新舊專利，然而，這些專利只是他們投資在研發上的最終成果，要預測未來會上市的品項，還需要仔細檢視過去對方獲得（或申請）專利的時間點，和基於該專利的產品何時發布，找出兩者的關聯來預測未來對方獲得專利後，何時會推出新產品。在理想情況下，你甚至希望能在他們獲得專利之前就注意到此事。

為此，你應該追蹤研發支出的變化（如果可以的話，按部門細分），還應該追蹤他們與學術單位新建立的夥伴關係。是否聘用了新的研究人員？仍在招聘人才（例如在求職網站上開了哪些職缺，是否在學術會議上面試）？尋求什麼背景的人才？為了更了解對手的發展方向，請留意你在市場中觀察到的結果，思考驅動的因素為何。

假設某家麥片製造商的市占率維持不變，而他們其中一個競爭者的市占率從二九％增長到三三％，另一個則從三一％跌到二七％[2]，這家麥片製造商應該提防哪間公司？第一位有所成長，擁有最大的市占率，所以應該提防他嗎？市占率較高的對手可能會自滿，不打算追求進一步擴展；而市占率較低的一方，可能會因為失去領導地位而驚慌，反而積極出手以重獲領先地位。僅僅觀察曾經出現過的趨勢變化，並不能幫助我們預測未來。

但是，如果發現市占率正在流失的競爭者告訴投資人，他們將重新鎖定該市場，提高宣傳預算，簽署與迪士尼角色聯名的合約，並聘請一位新的全國業務經理（參見步驟三），那我們就知道對方會努力重新奪回市場占比。反之，如果對手宣稱正將重心轉移到不同的地區、不同的產品線，或正在為自有品牌代工，那麼就不用那麼擔心他們未來的決定。僅僅關注市場當前的結果，並不足以判斷未來的行動。

透過注意競爭者的言論，思考他們是否有資產和資源實現目標，你將能盡可能的改用他們的角度來思考世界。下一個步驟，會從人的角度出發來分析對手。

第三步：決策者變動

前兩個步驟可能會讓你誤以為，競爭對手是個黑箱（black box），被簡化為一堆聲明，並且建立模組讓它自動執行策略。然而，我們知道公司必須由人員組成，是組織裡的個人在執行你在步驟一讀到的陳述（就算這些聲明是由傳播部門發布，也必須有人負責寫出初稿，而幾乎可說一定會有其他人加以編輯，甚至還需要第三人簽名同意）。

到了第三步，你需要注意決策者，有兩個重點。**首先是確定決策者**（某個人或某群人）**的經歷和背景**。二〇〇八年，有家高科技公司正在設計商戰遊戲，希望測試該產業可能會如何發展。這些隊伍要在投資研發、產品組合和定價等方面做出決策。在為其設計遊戲時，我們討論到，是否要允許各隊建立合夥關係（或與遊戲範圍外的其他團隊合夥），包括互相合併或收購。

客戶一開始很抗拒，他們表示，由於該產業的整合度相對較高，在主要市場中，主管市場競爭的機關不會允許併購案。表面上聽起來很有道理，但我接著指出，有一個競爭對手（將在遊戲中由一組隊伍代表）才剛聘請一位新的主管，這位新任策略長曾在高盛（Goldman Sachs）負責大型區域併購業務，可見這個對方聘請此人，並不是為了要制定更好的行銷策略。

觀察競爭者的領導階層，尤其是人員變動時，是一個至關重要的洞察。就像組織整體的經歷一樣，個人的過往行為並不能完美預測未來行徑，但卻是非常好的指標。董事會會根據候選人的背景來聘任執行長，並推定該執行長將在新職位上執行類似的策略。通常，從行銷人員晉升上來的高階主管，不會突然開始關注供應鏈優化，或改善生產設備的運作，而是會主要關注行銷層面，藉此實現組織的策略目標。

有兩個理由可以相信這個假設。首先，董事會僱用她是因為她的行銷背景；第二，這就是這位高階主管了解的面向！行銷專家知道如何行銷產品和服務、面對挑戰、執行策略，而大多數高階主管都必須做出成效，而且速度要夠快；所以，實現這一目標最簡單的方法，就是做他們最熟悉的事情。

董事會有沒有可能做錯決策？不太可能。如果他們告訴該執行長這個計畫（我們想聘請你作為行銷專家，但希望你專注在營運效率上），那她不會接受，因為她無法發揮所長，如果這麼做一定會失敗，風險太大。如果知道董事會是故意要誤導競爭對手，那應該也不太會有人願意接受，而且就算接了這份工作，她很可能還是不免會運用自己的核心能力來完成此事（此外，該執行長可能會在面對證券監管機構時遇到麻煩，因為她會誤導投資人。而且她也應該認真質疑董事會的價值觀，因為他們也會誤導投資人！）。

另一方面，如果董事會決定對新聘的執行長隱瞞這種誤導行為，又會怎麼樣？無論如何，這位新任的執行長還是會選擇專注在自己的領導力和職能優勢上，因為她會認為，這就是董事會僱用她的原因。

好消息是，找到大部分公司高階主管的履歷資訊並不難。**許多公司會在網站上發布高階主管的履歷和職責**（搜尋公司名稱，再加上「管理層」或「領導層」）。此外，上市公司和私人公司的高階領袖，通常會大張旗鼓的發布任職命令，裡面會包含一份相當詳盡的履歷，詳細介紹他們的所有成就，並解釋為何適合加入組織高層。查看競爭對手的新聞，並閱讀對方最近聘用、晉升的幾位高階主管的詳細資訊，你很快就會發現，從這些來源中，可以蒐集到有關對方領導層的深度資料。

如果新任執行長的人事令，因為某個原因只在新聞稿中以簡短一句話發布，公司也沒有公布履歷，你還是**可以到LinkedIn（領英）或其他網站搜尋資訊**。該執行長的前雇主仍可能在網站上列出簡歷，其他商業資訊網站（如彭博〔Bloomberg〕或全球商業資料庫D&B Hoovers）也有可能列出他在先前職位上的資訊。在當今這個網路時代，你不需要內部消息來源就能了解某人的背景，**多數人會自己將相關資訊發布在LinkedIn上**，只要上網搜尋幾分鐘就可以找到。

在此步驟中發揮作用的第二要點，是評估競爭對手出現委託代理問題的可能性：代理人行為背後的誘因，可能與委託人不一致。一個典型的例子是股東（委託人）聘請董事會（代理人）來將其福利最大化，然後董事會（委託人）轉而聘請執行長（代理人）來實現這些目標。股東和董事會希望執行長將報酬最大化，然而執行長可能還有其他野心。會突然出現的一種行為偏誤是擴張效應（empire building effect），即執行長專注於擴大組織的規模和影響力，以提升自己的影響力。這些行動有時可能會符合公司的最佳利益，但通常不會為公司增加價值，僅為該執行長提高身價。

在了解競爭對手時，代理問題很重要，因為你嘗試傾聽的人，可能不是執行決策的人。在這種情況下，你可能會誤解對手的意圖。舉例來說，某家公司的執行長因為原料成本上漲，再加上回收研發次世代產品過程中產生的部分固定成本，計畫明年將價格提高一〇%。

表面上看來這似乎很合理，如果其他競爭對手相信該名執行長說的話，他們可能會聯合提高售價（這可能是那家公司打算漲價的部分原因，這樣一來其他公司會仿效，他們就不必在價格上激烈廝殺）。但這些競爭者應該先緩緩，看看那家公司在默默算計著什麼：他們宣布將提高售價，期望其他公司效法，然後再維持低價以獲得更高的市占率。如果對手們看到那家公司又開始降價，便會再次投入激烈的價格戰。

在許多行業裡，業務部門的報酬是佣金，這樣代理銷售（注意這個詞）人員就有誘因提高銷售量，藉此完成業績目標，獲得更優渥的獎金。業務員要談成更多生意，最好的做法是什麼？就是在價格上讓出一些利潤，特別是在顧客宣稱競爭對手都沒有漲價，或他們根本負擔不起原價的時候。於是，代銷人員就以提供折扣的方式，完成了一筆大單，這筆訂單大到競爭對手會知道自己輸了，然後又從自家的代銷人員口中得知，對方搶得訂單的方式是提供折扣。這證實了一點：競爭對手執行長的聲明，是為了贏得更多市占率的伎倆。於是價格戰將會持續下去，而且可能比以前更激烈。

我們在許多產業都見證過這一點。例如，執行長對市場宣告，為了因應成本，將提高產品價格。在公司內部，她則告訴代銷單位，他們不該為了拿到某筆訂單而降價。如果公司對上級授權的要求不嚴格，業務員對於是否要堅守公司政策會自有主張，或是直接忽視規定、提供折扣、贏得合約並賺取佣金，而代銷人員通常會做出對自己最有利的選擇。那麼，現在你收到的消息就會很混亂：對方到底是要提高價格（執行長宣布的），還是降低價格（客戶說這是對方贏得合約的原因）？

作為競爭者，你必須了解執行決定的人，他們的個人動機為何。業務員能不能抽成？如果可以，那就很難漲價。研發人員的薪水是固定的，還是有額外的專利獎金？他們的考核是評估自己開發的產品帶來多少銷量嗎？如果是拿固定工資，那他們提出新構想的動機就會比較弱。全國或地區經理的薪資，是依自己區域內的績效，還是公司整體績效而定？若是前者，不同地區很可能會出現不同決策；地區經理是否每兩到三年就輪調一次？若是如此，他們會選擇犧牲長期成果，來提高短期績效。

你無法完全知曉競爭對手正在進行哪些人事政策，但是透過到處詢問，尤其是探問曾在該公司工作的人（請先向公司法務部門諮詢這個方法的正確執行方式），可以了解大致的狀況。

他們真的鼓勵不同意見嗎？階級高低重要嗎？是否必須經過多個委員會，還是個人有權做出決策？投資金額有沒有門檻、超過門檻就必須高層核准？你也可以透過人脈找找看，是否有人曾是對方的雇員。找出這些人，看看他們是否有自己的見解（和特定決策者交談或一起工作的次數多嗎？對以前工作的地方有什麼想抱怨的嗎？有沒有什麼值得誇耀的地方？）。

不過，我要再次強調，請先與貴單位的法務顧問確定如何進行，因為不同組織對於可以探問競爭者內幕的程度，有不同的風險偏好，所以請不要自行評估。

我們無法完全了解競爭對手的組織動態和權力架構，但這不是重點，重點是要從外部獲得這些資訊。畢竟，我們連自己公司內部的決策是如何產生的，都很難準確描述，又怎麼能指望全盤掌握另一間公司的動向？

這不是基於規則所得出的結論，而是要盡可能了解決策者做決定背後的誘因，然後看看它們是否符合競爭對手所說的內容（步驟一），且和你對他們資源和資產的了解是否一致（步驟二）。正如前述，對方不是一個會做決定的黑箱，相反的，每個組織都由人組成，這些人會根據自己的工作職責和誘因做出選擇。利用這項知識，可以讓你對競爭對手的理解更臻完善。

第四步：預測、觀察、調整，結果好壞都是寶貴經驗

在步驟三結束時，你已經可以預測競爭對手的想法，以及他們在各種情況下可能會採取的行動。至於步驟四，會討論該如何確定你的預測何時正確、何時會出錯。

菲利普・泰特洛克（Philip Tetlock）和丹・賈德納（Dan Gardner）的著作《超級預測：洞悉思考的藝術與科學，在不確定的世界預見未來優勢》（*Superforecasting: The Art and Science of*

Prediction），對進行預測的好壞方式提供了很好的概述，這也可以用在競爭對手上[3]。對於最佳預測方式，書中有提到以下要點：

- **提出具體問題**：不要預測模糊的概念，像是：「對手們未來會調整價格嗎？」應該更加具體，例如：「競爭者X公司會在十二月三十一日之前，將西歐地區的售價調降至少五%嗎？」你可以提出很多類似但不同的問題，針對不同地區、對手、抬價抑或降價……只要記得，問題越具體越好。
- **做短期預測**：研究表明，在做為期幾年或更長時間的預測時，沒有人能一直得到優於隨機猜測的結果。以競品分析來說，這代表你應該預測對手是否會在未來三個月內降低價格，或是會不會在未來六個月內推出新產品，又或者是否會在年底前進行收購。較長期的問題仍然不該忽視，例如：「Y公司在未來三年會入侵我們的產業嗎？」不過，你應該將這個大哉問拆成比較小的提問，藉此探尋背後的成因，以求最終能回答大範圍的問題。例如：「Y公司會在未來六個月內，從我們或其他競爭者那裡挖走研發人才嗎？」、「Y公司在年底前，會去申請可在我們這個行業中使用的專利嗎？」
- **保持好奇心**：超級預測者（superforecaster，最頂尖的預測者）總會閱讀不同來源的資訊，並尋找當前問題的全新觀點。他們不會一再探訪相同的專家或媒體網站，而是會刻意尋找另類的看法，以確保能以全盤的事實預測。競品分析師除了從產業出版品找資料之外，還應該詢問不同產業的分析師，閱讀不同地區的報告、不同政治光譜的媒體報導，以及綜合型媒體的資訊。

● **不害怕數字**：最好的預測者必須懂得應用基本率（base rate），區分小至一個百分點的機率差異，並從一群分析師的預測中得出平均。競品分析師必須評估對手降價五％時，對其公司獲利能力或市占率的影響，藉此得出他們調整價格的可能性。超級預測者不會建立大型、複雜的數學模型來估算，但他們清楚什麼時候數字綜合起來不合理，並以批判性思維來檢視數據。

● **頻繁更新少量資訊**：超級預測者會隨著新資訊的披露而多次更新預測，但很少大幅調整機率預測結果。如果你認為競爭對手有六二％的機率將價格降低五％，然後從銷售人員那裡聽說，有位顧客向對方提出差不多幅度的降價要求，你可能會將機率提高到六五％。如果該公司發布有關定價變化的新聞稿（但沒有具體規模或方向），那你可能只會把數字提高到六七％。機率預測的劇烈波動，代表你一開始對局勢的判斷有重大偏誤（或是現在的解讀有誤）。

● **打造支援團隊**：就算不是最頂尖的人才，僅由「普通」預測員所組成的團隊，也比預測員獨立作業、匯集各自的預測結果後所得出的結論來得準確；由超級預測員組成的團隊則更厲害，甚至會比市場針對同樣問題所做的預測更精準[4]。事實上，當超級預測者共組團隊時，他們個人預測的準確率也會提高五〇％，團隊作業比單打獨鬥更好，因為隊友能共享資訊，並為彼此的想法和預測做壓力測試。正如我們將在第七章看到的，打造一支由競品分析師組成的團隊，鎖定競爭對手業務的不同部分，並讓分析師經常互相討論，會是最理想的組織設計。

超級預測者不會對不確定的因素感到不安，他們不需要做到非黑即白。在步驟四中所做的預測，應遵循此方針，並在事後評估結果是否正確。這麼做不是為了懲罰那些判斷錯誤的人（或過度讚揚解讀正確的人），而是要從好和不好的經驗中學習，以提升組織的預測能力[5]。不斷更新嘗試了解競爭對手的流程，藉此鍛鍊這種能力，進而以更好的方式洞察他們的心態。

你可以思考：

- 是否漏掉某個和對方意圖相關的陳述？將這些內容加入固定閱讀清單，了解他們在談論、計畫的事情。有沒有哪些忘記加入清單裡的外國資訊來源？有沒有還沒追蹤、但有提供產業洞察的部落格？搜尋這些訊息，就能縮小你對競爭對手的認知落差。
- 是否誤判了對方的能力或競爭實力？更準確的說，你對於競爭者自己認定的核心競爭力，解讀是否有誤？如果你認為對方擅長執行，但他們覺得自己善於行銷，你可能會認定，他們的某項決定缺乏供應鏈支撐，生產效率不足，是個糟糕的決定；但如果他們的行銷支出上升，或者經銷通路的數量和類型增加了，那你就應該以不同方式看待他們的決定，因為那項決策可能是由另外一種職能專業、或一組你不知道的資源所驅動。
- 無形資產（如與平臺合作夥伴、網紅或政府機構間的關係）或與流程、內容相關的事實，通常最難從組織外部看到。事後回顧，可以更容易了解這些無形資產扮演的角色，因此可以將這些最新的見解，加入未來對競爭對手的分析當中。

● 你關注的決策人選是否有誤？很多時候，有權勢的執行長看似能獨掌組織中所有決策，但即使是最厲害的執行長，也得忙於處理投資者關係、回覆電子郵件和參加會議，因此，組織中的營運決策通常由其他人負責。想想最後的定價、研發或採購決策是由誰掌管：除非是對方的主要業務，否則通常會交給其他員工負責。所以，你可以找出最有可能的決策人選，這些人通常是新聞稿會引用言論或提起的對象，或是聲明中最強調的那個部門的負責人；然後，將有關真正決策者的新資訊整合到流程中，可以幫助你了解競爭對手的決策。

一旦改善了理解競爭對手的流程，請再次重複步驟一到三，以執行另一次預測。評估新預測的結果，並透過事後檢討來更新流程。**了解競爭對手的心態，不表示每次都能百分之百預測正確，而是代表你的準確次數比以前更多**。步驟四能讓預測流程更加可靠，從而提升總體平均表現。就像生活中的所有面向一樣，你的平均成功率越高，就越成功。

善用數位科技蒐集資訊，而非預測

商業世界充斥著數據，而「大數據」（big data）策略已經全盤改變了從供應鏈管理到客戶洞察的一切。目前尚未利用大數據發展出堅實基礎的是業務領域；另外，有兩個領域可以透過大數據，制定出更成功的競爭計畫，就是識別早期趨勢（identifying early stage trends）和預測複雜市場動態[6]。

識別早期趨勢，代表要大量瀏覽有關競爭對手的公開訊息，以識別專屬於對方的趨勢。例如，有很多可以用來尋找資料相關性的工具，像是對手已獲得的專利（有哪些關鍵的科學和策略用詞最常出現、用詞隨著時間的推移又出現了什麼變化）。

然而，受限於**人工智慧和機器學習**的運作模式，利用這兩種技術來預測，能力仍非常有限，**只能猜測對方會不會繼續當前計畫**。人工智慧和機器學習是利用過去的行為來預測未來的結果，並根據過去的趨勢來校準，因為這是它們可利用的資料來源。人工智慧和機器學習能顯示出相對於歷史的比率，計算趨勢會在何時變動，但**無法算出競爭對手會如何回應你**，因為你尚未執行這些策略，也就沒有可供校準的資料；此外，它們**也無法辨識嚴重偏離歷史軌跡的顛覆事件**。

而預測複雜市場動態，則須打造複雜的計算模型，但在預測競爭者行為時也會面臨挑戰，因為模型對基本參數和假設非常敏感，當模型是基於我們會採取、或希望對方做出的行動和選擇而設計時，尤為如此。正如你將在第六章看到，現在模擬競爭者行為的技術越來越成熟，這些技術將與你原本送進計算模型的同一組數據互相整合，在新決策出現時，幫助你更為靈活的調整模擬流程[7]。

人工智慧和機器學習可以協助蒐集、整理數據，也可以發現多個資料點（data point）之間的相關性。回想前面討論過的內容，我們要識別的是驅動對手決策的因素，不是結果，而人工智慧和機器學習工具，可以幫你分類所有公開來源的大量資訊，以突顯這些驅動因素在何時出現變化。但是，目前還無法準確預測不連續事件，或對方會如何回應你的策略行動。

你手上有的是歷史數據，對於預測未來有其必要，但不足以從中尋得見解。在第七章，我會再討論競品分析儀表板（competitive insight dashboard），以及當中的挑戰。

不對稱性——每個對手都不一樣，先找出彼此的差異

使用上述四步驟時，你必須正視每間公司的不對稱性：並非每個競爭對手都會傳達相同的訊息。閱讀不同高層領導人公告和新聞稿，可以了解他們是否都以相同的方式談論產業狀況，或對業界中的機會都抱有不同期待。這不僅可以讓你深入了解，這些競爭者整體上是如何應對市場，還可以凸顯他們之間的差異。

同樣的，每個對手都有不同的資產、資源、能力、競爭力和起跑點。這點似乎顯而易見，但除非我們特意評估這些，否則很容易陷入這樣的思考模式：競爭對手跟你的公司很像，因此也擁有和你們一樣的機會。就像每位裁縫師都有自己的針線組合一樣，公司也會利用不同的資產和資源來制定、執行方案。

最後，不同執行長在不同面向也有差異：背景、經歷、專業知識、目標、世界觀、慈善事業、嗜好……這些因素讓他們與眾不同。這不僅適用於執行長，也適用於公司最高層級的領導群、部門主管等。

況且，每間公司面臨的議題也各不相同：集中或分散式的決策方式、薪資結構、決策速度、驅動誘因等。光是要完全了解自己公司的文化，就不太可能了，所以我不會建議你要探清對方的所作所為，只需要先理解他們的做法會和你不同，並明確列出雙方在做法上的所有差異，否則無法進一步了解對方的決策過程如何運作、誰才擁有真正的決策權。

頂尖教練最在行——永遠領先對手一步

大家都本能的認為競爭對手不理性，原因之一在於，真正同理他人是非常困難的一件事。想了解對方的心態，我們需要站在他們的立場，體會他們的一舉一動，但僅僅換位思考遠遠不夠，你必須完全換個腦袋，體會他們在那種狀況下所受到的限制、痛點，還有缺乏支援的狀況。只有這樣才能真正理解，他們為什麼會以特殊的方式前進，畢竟所做的策略看似不符合正常邏輯。

同理心是理解對方感受、共感其情緒的能力，這個定義蘊含著一定程度的超然態度。你必須從外頭看進他人掙扎的內心，去了解他們為什麼會有這樣的感受，然後決定你也要以相同的情緒來回應對方，但這種感受不會跟你自己親身經歷時一樣強烈。

要以同理心看待競爭對手，非常具有挑戰性，因為這不是大腦自然的思考方式，畢竟你正試著從他們手中搶走市占率、防止他們在你的客戶群中站穩腳步、挖角他們最頂尖的銷售人員……一心想要擊敗他們，怎麼可能同理對方？

我要先聲明，同理心不代表同情心，兩者的定義經常被混淆。同情心是對他人的不幸感到憐憫，或在對方情緒湧上來時（通常是負面情緒）支持他們；同理心則是理解，他們為什麼對這種情況感到悲傷，但這不代表你必須為他們感到難過。

你的對手剛承受大規模的反壟斷訴訟打擊，而你對他們產生憐憫的情緒，這是同情，但有同理心只代表你理解他們的處境有多悲慘。在那種情況下，你不必同情，甚至想慶祝他們的不幸都沒問題；但是，你最好要去同理對方，了解管理層承受的壓力、擔心鋃鐺入獄（或至少丟掉工作）而產生的恐懼，以及在嚴格的法規審查之下，可能不願承擔的風險（或者對方可能會冒更大的風險來轉移焦點，並讓其他同業感受到相同的壓力）。

在這種情況下同理你的對手，可以預見他們可能出現的行為，例如會積極利用行銷訊息保護品牌價值不受侵蝕、降低價格以防市占率流失、試圖挖角你們公司最好的幾位管理者，以表明他們正在「清理門戶」等。如果不同理他們會怎麼樣？你將只會看到一家因反壟斷調查而陷入困境的公司大暴走，開始打廣告（花費的是他們應該省下來用於判決或和解的經費）、削價競爭（這不是會讓他們和解用的資金變少嗎？）、竊取你的人才，看起來就像是針對你的報復性攻擊，而且顯然是對他們所處困境所做出的非理性回應。

但假如你設身處地，就會意識到對方的行銷和定價策略都有助於提高利潤，一切都是為了渡過危機。而為了爭取較輕的罰則，招募其他公司的管理者也很合理。這些做法不是非理性對手所做出的猛烈抨擊，而是完全理性的反應，他們所做的一切都是為了預防公司及品牌徹底崩塌。

嘗試同理對方，會迫使你提出關鍵問題：「如果我是他，會怎麼做？」從產業和個人的角度出發，去體會對方的一切感受。關鍵在於，身為人類，我們在認知方面的同理能力相當差勁，認知同理著重於理解他人觀點的能力，與關注我們是否會關心他人情緒、感受的情感同理不同）[8]。

近期腦科學研究探討了同理心是否具有生物學基礎，而大部分研究都集中在情感同理上。科學家發現與大腦中「鏡像神經元」（mirror neuron）有關的證據，當一個人觀察其他人執行任務或表現出某種情緒時，會激發特定的神經元[9]。例如看到某人拿起茶杯，我們大腦中控制手和手指抓握運動的神經元就會有所反應；又或者看見某人微笑，與微笑這一表情有關連的臉部肌肉神經元就會被激發。即使我們不移動手指、不微笑，大腦還是會像我們有實際做出這些行為一樣運作。這種鏡像效應就是一種同理心：體驗他人的行為和情感，彷彿那些感受源於我們一樣。

許多商界領袖會試圖證明自己可以擊敗所有競爭對手，藉此提升地位，假如擁有這種心態，要轉變態度並以競爭者的角度看待世界，恐怕更加困難。尤其近期研究顯示，對社會地位較高的受試者而言，他們的鏡像神經元受激發的頻率都較低[10]。這代表獲得更多權力後，這些幫助我們同理他人的自然反應就會減弱，而這正是企業領導者在公司體制內晉升時會出現的狀況。

負責制定競爭策略的是高階主管，而他們正好就是最不可能同理對手觀點的人。這些領導者在思考對策時，必須努力讓自己從對方的心態出發。

競爭對手並非不理性，你只是需要理解他們。應用這個四步驟框架，可以提供你思考競爭者行為的動力，同時也是以結構性思維，客觀分析對方的一套做法。

這套框架與多數競爭策略理念的不同之處在於，它不只是詳細說明「發生了什麼事」，還能解釋競爭對手「為什麼」採取特定行動。從多種角度追蹤市場上發生的事情，當然有其必要（例如對方市占率上升、淨推薦值〔net promoter score，衡量客戶體驗的指標之一〕上升等），但如果不明白為什麼會發生這些情況（例如他們是降價還是推出新產品，或是花在行銷的費用為何比改善客服要來得多），將無法針對他們的舉動做出好的回擊。

對最頂尖的教練來說也是如此，他們不會只看體育新聞的輸贏欄位，更會聚焦於為什麼對手比去年進步，或為何在本賽季取得連勝。**他們之所以能保住教練工作，是因為對於「永遠領先對方一步」這件事非常在行**。他們傾聽敵隊言論、仔細觀看賽事錄影以觀察對方在比賽中的操作、持續關注敵方新招募（或踢出）的球員人選，並深入了解對方教練的背景和經歷。當然，你不必是體育迷也能掌握這些技巧，把它們應用到你眼前面對的挑戰當中，了解競爭對手的思維，創造屬於自己的競爭優勢。

第二章

破解不同類型的對手

綜合格鬥（mixed martial arts，簡稱 MMA）是過去幾十年來，發展最快的運動項目之一，它源自不同格鬥風格愛好者之間的爭論：哪種格鬥技巧「最優異」？綜合格鬥比賽最初的舉辦單位，決定讓摔角手與拳擊手對戰、讓柔道選手與跆拳道選手對決，並讓泰拳選手與自由搏擊拳手在八角籠內決鬥。他們以各種可能的排列組合，讓這些不同類型的選手對戰。

這些格鬥者聘請教練和訓練師協助自己，但這些教練與第一章中提到的球隊教練不同，他們必須跳脫原本的專業範圍，讓選手除了利用平常習慣且熟悉的肌肉記憶之外，還能抵禦其他類型的威脅和攻擊。因此，教練自己也必須學習新技巧，訓練選手結合並運用多種格鬥風格，而熟悉不同技巧的教練會組成團隊，來提供最全面的指導。隨著時間的推移，便出現了一種全新且會不斷調整的綜合格鬥技，讓選手能回擊拳擊場上使用不同技巧的對手。

上一章強調的四步驟框架，可以幫助你提升對各類競爭對手的理解，而本章主要關注的，是如何了解那些看似不符合典型模式，因此顯得特別難以評斷的對象。上一章隱含了一個假設，就是你要分析的是目前處於相同市場的對手；然而，此框架也可以用來分析，可能利用現有策略技巧的新業者、相近產業中的入侵者，以及顛覆性創新者。

我們可以透過分析兩個面向，去概括性的分類他們：

1. 是否採用目前業界盛行的競爭策略？
2. 是已經成立的公司嗎？

下頁圖表2-1顯示了不同類型的公司，分別屬於哪個象限。

本書主要關注左下象限的類別，即是目前已經存在的競爭對手群，因為這是你最可能需要了解的群體。不過，在更加熟悉建立競爭洞察力的技巧後，這些框架都可以延伸應用到其他三個象限。本章會將重點放在其他三個象限上。

相近產業的入侵者——關注業務範圍，那是對方的競爭優勢

第一章的框架，讓你不得不從競爭對手整體組織的角度思考，而正如我們在上一章結尾所討論的，各家企業起跑點不同，經營的產業組合也不同，因此，應該都會做出不同的選擇。

例如，網飛（Netflix）主要是一家播送影視內容的企業，後來轉向製作自己的串流內容。Hulu是由幾家製作公司合資的企業（最初有美國國家廣播電視公司〔NBC〕和福斯〔Fox〕，後來迪士尼〔Disney〕也加入，並在收購福斯後成為擁有多數股權的大股東）；Disney+則以一百年來的豐富內容為基礎，提供獨家串流服務；蘋果（Apple）也加入串流媒體領域，藉此輔助硬體設備銷售（並讓營收來源多元化）；谷歌（Google）則將YouTube的重點放在個人小規模製作上，但同時也透過無線和有線方式，提供部分頻道的電視直播串流（Hulu也是如此）。

在這些提供串流服務的企業中，每家公司都有不同的資產和資源組合可運用，因此在串流產業競爭時，也做出了不同選擇。

二〇一〇年代初，新興的串流媒體和機上盒（Over-the-top，簡稱OTT）內容推動著電視產業的未來發展，有一家電視服務供應商便就此議題與我討論策略。我們打造了一個簡易的商戰遊戲（關於商戰遊戲，詳見第六章），探討市場上其他競爭對手，在未來幾年內可能會做哪些投資。當時，迪士尼僅持有少量Hulu股權，而Netflix串流服務的發展時間約為五年。在我們的討論中，持續受到關注的問題不是現有業者的潛在擴張，而是迪士尼大舉進軍串流媒體的行徑。

這個討論比Disney+推出的時間早了五年左右，而且我們的對話中不斷出現這樣的說詞：「他們有那麼多精彩內容，可說是『不得不』加入這場戰役，而且他們一旦加入，幾乎可說是穩贏。」當時出現的另一個重要觀點是：不管最後贏家是誰，肯定是最能幫助觀眾以更輕鬆的方式找到相關內容的公司。現在回頭看看，亞馬遜（Amazon）和蘋果確實利用智慧型助理Alexa和Siri等關鍵資源，幫助觀眾在自家串流平臺上找到想看的節目。

所謂企業範疇（corporate scope）指的是以組織整體

圖表 2-1　區分不同類型的競爭對手

競爭策略 ＼ 企業現況	既有企業	新創企業
新興	相近產業的入侵者	快速消費品創新者
盛行	傳統競爭對手	創業者

為單位，所有可以提升或支持旗下任一業務部門的作為。谷歌旗下不僅擁有YouTube，還有Android、Google地圖和其他業務部門，而且幾乎全都主打網路搜尋服務、善於連結用戶與資訊。在上述任一領域與谷歌競爭的公司，都必須留意谷歌旗下部門所做的變動，評估對自身業務會造成什麼潛在影響。

寶僑集團（P&G）近年來精簡了業務範圍，專心經營嬰兒、女性和家庭護理用品、美容、健康照護、理容用品、織品和居家用品。[1]官方網站指出，他們的「整合型成長策略……讓寶僑得以聚焦於需求上升的商品和新型消費行為，繼續依此服務消費者、零售商和經銷夥伴。」[2]

如果你是一家洗髮品製造商，在美容領域與寶僑競爭，那麼就要好好思考寶僑會如何利用對消費者的了解，來強化他們的產品線。他們會開發出更多可在戶外使用的「行動式」洗髮品嗎？會打造出在不同狀況有不同香味的商品？會發明只要用少量的水就能沖洗乾淨的產品，來回應與氣候議題相關的消費者考量嗎？他們會如何運用透過旗下其他產品所得到的觀察，進一步改善自家商品的定位？當然，寶僑也會投入化工研發，親自改善產品，但集團整體對消費者行為和經銷、零售商的觀察，也會大幅影響他們在產品上的決策。

談到相近產業的入侵者，另一個常見來源是位於價值鏈（value chain）其他位置的企業，他們會讓你的公司失去中介角色。其中一個經典案例，是Levi's開始透過自己的零售店面，直接向消費者賣衣服，切斷了以前對銷售量貢獻很大的百貨公司通路。許多消費品供應商轉向線上銷售，也加劇了此一趨勢，B2B（企業對企業）的產業中也出現這個現象。

我曾協助一家化工用品公司探討如何因應此趨勢，從經銷模式轉換成利用自有網路通路販售。要改變原有的經銷模式是一大挑戰，因為你必須確保商品能以一致的方式交付給顧客，但從長遠來看，這仍是必須做的改變。

只要有關注企業範疇，即使競爭對手突然決定利用自家的其他優勢，大舉投資與你競爭的部門，你都不會感到太意外。想想自己所處的公司，不也利用公司其他部門的優勢來獲取成功？

既然如此，你何必假設對手肯定是單打獨鬥，笨到不會利用公司的其他資源？除非你已經做過分析，顯示對方是高度去中心化的組織，且不會使用公司的共通資源，否則，就應該假設他們也會採取跟你一樣的做法。坦白說，很少有公司內部不會跨部門協調，因此如果要做這種假設，你的理由最好足夠充分。

觀察企業範疇，也能幫你找出來自相近產業的入侵者。一間公司要投入新產業，幾乎都會利用自己在原本產業致勝的核心能力；也就是說，這些公司會尋找仰賴相同能力和競爭實力的新領域。如果想找出未來幾年，可能進入你的業務領域的企業，就應該鎖定能在此領域致勝的關鍵能力，然後找出已經擁有、擅長執行這些技巧的企業，因為他們最有可能在未來威脅到你。

創業者──從創辦人的經歷推敲思維路線

創業者主要分布在第七十四頁圖表 2-1 的右下象限。他們會對競品分析的兩個面向帶來有趣的挑戰，分別是：

1. 如果你是創業者，而且是該產業的新進企業，應該如何追蹤競爭對手？
2. 當前業者要怎麼做，才能深入了解創業者腦中的想法？

創業者在了解競爭對手時，最容易面臨的挑戰是：缺乏時間。他們手上有太多工作要做，導致很難找出時間，完成第一章提及的四步驟流程。然而，這不代表他們無法使用相同的方法來分析競爭局勢。

在下一章，我們將探討一個對創業家來說極為重要的議題：現有業者對我們進入市場或推出新產品，會有什麼反應？創業者必須同時掌握兩件事，一是內部工作，要開發出對的產品或服務，也要研發出能將這些商品推向市場的流程和運作模式；二是要知道當前業者何時會對自己的行為做出何種反應。

由於新創公司沒有大型的組織配置，可以分配人力來做競品分析，因此，比起規模較大的既有業者，他們應該從小處開始著手，鎖定一、兩個特定目標，也就是想以自家新產品或服務來超越的對象。當他們有了這種概念後，可能會在某個時間點心想：「我們可以把這個做得比 X 公司更好。」這時，就可以去深入了解 X 公司，並從第一步驟的問題開始思考：對方此刻對於你要進入的子產業有什麼看法？是否提過進入市場時會面臨的威脅？過去對新進者做出什麼樣的反應？

到了步驟二，創業者應該聚焦於自己即將投入的領域，和上面的要點相反，此時其實不用太擔心對方的企業範疇。較大型的既有業者，可能會先以更具針對性的方式來對付新進業者，不會直接動用公司所有可用資源。由於規模較大的既有業者，可能會從只有大公司才有的資源出發，所以創業者尤其應該自問：「有哪些資源是因為對方規模較大而得以使用，但由於我們是新進、規模較小的公司，所以無法使用的？」

最後，應該鎖定對方負責同類競品的部門經理（前述框架的步驟三），這個人的身分有時不太容易掌握，但是當創業者開始探索這個行業、了解他人是如何投入競爭時，可能已經對誰是關鍵人物有一些了解，而這些人就是需要特別關注的對象。

接著應該做出預測，同時要更有警覺的追蹤競爭對手的反應。新創公司沒有承擔多次失敗的本錢，因此，在執行步驟四時，要盡快追蹤、調整，找到現有企業做出回應前的空檔，在這段時間想盡辦法生存下來，並成長茁壯。

當然，這些建議也無法保證成功，因為創業者可能聽從錯誤的意見、誤判現有企業利用其他資源的程度，或無法識別對手真正的決策者。但是，在既有業者針對競爭行為做出回應後，前述技巧會提高新進企業的生存機會。如果你是創業的人，會選擇忽略競爭對手，祈禱自己的新事業自然的在市場中生存下來，還是會試著了解一下競爭可能來自何處，以便做出更精確的自我定位，來舒緩這些壓力？

反過來看，如果你是既有業者，則要對新進公司做競品分析。那麼，在沒有現成數據可依賴的情況下，要如何以這四步驟分析？讓我們回顧一下整個流程，看看這個框架為何仍然適用。

首先，新公司對市場或公司本身發表過哪些公開言論？有沒有和天使投資人（按：新創公司創立初期就開始投資的投資者）或創投分享過任何（不受保密協議約束的）文件？很多時候，新進企業會在公開發表前或發表初期就開設網站或臉書（Fackbook）專頁，藉此爭取更多支持或提高銷售成績（有時還會放上簡化版的投影片）。你可以閱讀這些網站，看看他們針對產品或服務、相關發布計畫和目標市場，談了哪些內容。

其次，檢視對方必須用到的資源。同樣的，許多新公司會公開宣布，他們已經獲得創投基金或競賽獎金。如果你在網路上搜尋這家新公司的名稱，就可以找到誰參與了創投、誰支持他們等資訊。

第三，這也許是最重要的一點，就是**研究創辦人的背景**。查看他們的 LinkedIn 個人頁面，**了解他們之前嘗試創辦過哪些事業，有成功嗎？嘗試過多少次？是連續創業家還是首次創辦公司？**如果是連續創業家，請嘗試搜尋前幾間公司的資訊。那些事業成不成功？創辦人是把先前公司賣掉，才開始新的事業，還是前幾間公司都倒了？那些公司是否和你的產業相同？在這些情況下，你可以更深入查找他們為什麼會失敗，或追求新事業的原因。或是，如果他們隸屬於另一個產業，而你有相關人脈，可以打幾通電話來嘗試了解創辦人。

連續創業家通常比較成功，因為可以從過去創辦公司的經驗中學習。這也意味著，他們很有可能會善用過去的經驗，因此，了解他們之前做過什麼，能幫助你預測這次可能會怎麼做。

在LinkedIn上，你還可以看到對方過去的工作經歷，請試著了解他們過往的職能。就像大公司的新任執行長一樣，曾從事行銷工作的創辦人，可能會嘗試在創業時利用這些知識。創辦人是否曾在中大型公司任職？其新創企業是否屬於同一產業？你對那間大公司的運作方式了解多少？然後，可以比較那間大企業和這間新創企業，看看新創公司的運作方式像不像那間大公司（他看到前公司應該嘗試的機會，決定自己試看看）？這家新企業是否需要完全不同的經營模式（因為無法在前公司執行他的計畫，所以決定自己出來開業）？無論是哪種情況，你現在都多少有些了解這個創業者的心態了。

簡單來說，**你可以利用創辦人的過往經歷，來深入了解對方的思維模式及處理業務的方法。**瀏覽公司網站上的計畫方針或聲明、LinkedIn上的工作經歷、臉書上對其他企業按過的讚（或過往創辦事業按過的讚，如果他們的粉專還沒刪掉的話）……這些都是深入了解對手想法的方式。如果你很幸運，說不定還能利用自己的人脈，找到可以討論該對手的對象。

不過，總歸一句，這一切都不保證你可以完美洞察對手的想法。就像所有競品分析一樣，都只是為了增加準確預測競爭者的機會。你可能會遇到一位不知從哪冒出來的創業者，也找不到任何關於對方的有用資訊，但好消息是，這類創業者很少會一出現就讓大企業在幾天或幾個月內蒙受巨大損失。你絕對有摸索、了解對方的時間，但得時常注意外面的世界，觀察那些潛在競爭對手可能是誰；如果忽視這些線索，只關注於公司內部，那你只會一次又一次的遭人突襲。

快速消費品創新者——聚焦新商品的定價、技術、客群

快速消費品（fast-moving）產業瞬息萬變，擬定策略不能只依賴歷史資訊，這時，競品分析師應該做些什麼？在快速消費品產業，我們經常遇到顛覆性的創新者，這些人位於圖表 2-1 的右上象限。此象限中的競爭對手可能是新創企業、來自其他地區的既有業者，或目前專注於其他客群的現有企業。

在這類市場中（如某些高科技產業或服飾業），四步驟的流程依然不變。你仍然需要傾聽對手的聲音、了解他們會用的把戲、確定是由誰做決策，再來預測對方的下一步，並隨時更新這套流程。不同之處在於，執行每個步驟的時間明顯較少，因此，要聚焦於最重要的提問上：對手在什麼地方最讓你驚訝？推出的新產品類型是什麼？背後用到什麼技術？產品價格多少？目前針對哪些客群？縮小目標，把上述的四個步驟應用在這些具體決策上。

快速消費品產業中常見的競爭挑戰，就是當對方推出新品時。這家公司對其產品開發流程做過哪些聲明？為該產品撰寫了哪些文章？擁有哪些資產、資源和能力，可以比你更快推出新產品？誰負責這部分的業務？那個人針對產品開發流程有過什麼發言？他的前一份職務為何、在當前職位又做了多久？這類問題能讓你了解競爭對手的概況，但接著，請更深入的執行步驟二：檢視他們使用的資產、資源和流程。

他們是否有靈活的供應鏈、與供應商之間有具彈性的供應協議、使用以消費者為中心的大

數據分析來追蹤趨勢，還是滿足上列不只一項條件？如果對方是一家推出新軟體的科技公司，那麼，每個版本之間的發布時間間隔多久？在同一段時間內，冒了哪些小風險來做決策，導致用戶快速流失？此外，還要了解每個產品或服務的開發時間（如果很短，就必須加快預測和追蹤變化的速度），或對方是否擅長管理機會組合（a portfolio of opportunities，如果是，代表需要好好協調競品分析師與公司數據之間的處理流程）。

如果對方是一間服飾公司，他們會追蹤什麼類型的消費者資訊？是否也在操作商品組合，將大量產品推向市場，提高熱賣品的出貨和銷售速度？還是說，他們善於觀察消費者趨勢，並在適當的時機推出商品？分析他們可能在市場上贏過你的方式，就能深入了解對手成功的原因。

這聽起來很合理，但對現實中的公司有幫助嗎？怎麼看待萬豪酒店集團（Marriott）和Airbnb所帶來的顛覆？既有業者要怎麼預見這一點？其實，他們很輕易就能做到。

Airbnb於二〇〇八年推出，但線上度假租屋平臺VRBO成立於一九九五年，整整早了十三年。就我個人經驗而言，我在二〇〇九年使用的是VRBO的服務，在當時來說，算是一個「新東西」，那時我還沒有聽過Airbnb。因此，新產品有時需要經過一段時間，才能夠突破市場並成為主流。

VRBO不僅是先行者，而且於二〇〇六年被旅宿平臺HomeAway收購，即HomeAway成立的一年之後。儘管兩者都沒有使用和Airbnb完全相同的商業模式，但由此可看出，「業主出租個人房產」的市場早已有所行動，所以其實有足夠的跡象，能輕易引起萬豪的關注。

另一個經典的例子是紅牛能量飲料（Red Bull），該公司於一九八四年成立，但一九八七年時才在歐洲販售。紅牛以一九七六年在泰國開發的飲料為基礎，一直到一九九六年才進入美國市場，可口可樂和百事可樂能預見這一點嗎？當然！如果他們有持續關注開發中市場崛起的在地飲品，就會知道有這項新產品[3]。

這兩個例子的重點，不是在說萬豪、可口可樂或百事可樂應該模仿新進者，而是代表他們早就應該認識這些企業。況且，假如萬豪在 Airbnb 出現之前就投資開發房間共享的應用程式，其實毫無意義。透過管理協議獲得萬豪品牌授權的飯店業主，如果知道萬豪計畫要去中間化（disintermediate），一定會不高興。這麼一來，假使飯店業主無法立即取消合約、另尋飯店管理夥伴，也一定會在合約期滿時終止與萬豪的合作。同樣的，在一九九〇年代初，可口可樂和百事可樂若要生產能量飲料，勢必要將強大的品牌價值拿來當賭注。

不要只是因為注意到創業者的存在，就認為應該攻擊他們，或有能力正面進攻。萬豪不該重新設計整個商業模式來阻止 Airbnb，可口可樂或百事可樂也不該重組商業架構來對抗紅牛；不要只是因為看到一家新創公司相當成功、擾動了市場，就認為現有企業被愚弄了。不過，這確實表示現有企業需要不斷關注市場，找出這些顛覆者，並擬定計畫來減輕影響。

有時，一個看似快速發展的競爭對手，背後其實有一群迅速興起、互相超越的公司，這會讓了解其中任何一個對象變得更加困難，但同樣的，你還是可以聚焦在所面臨的主要挑戰，藉此簡化流程，例如定價、新產品或服務、技術開發等面向。注意部分競爭對手的選擇，並利用這種較為廣泛的觀點來推斷趨勢。

掌握上市公司消息來源，看懂家族企業權力結構

最後，還有一個跨越四象限的治理結構。將第一章的框架應用於私有企業時，是否會跟上市公司有所不同？隸屬私人企業的競爭對手，可能會出現在第七十四頁圖表2-1的所有方框中，而前面的四步驟框架仍能運用。

就創業者而言，由於幾乎都是私有企業，兩者其實沒有太大的差別。雖然要取得完成四步驟流程所需的資訊較為困難，但僅此而已（對於較大型的私人企業來說常是這樣）。不過，即便要取得相關資訊的難度較高，但請記住，即使是上市公司，也不必在監管文件上揭露所有有關公司的資訊。

私人公司仍有可能提供新聞稿、參加產業展會、出現在期刊文章中，他們的領導人也會偶爾發表公開演講；因此，想打探私人公司的資產、資源和能力，就和面對上市公司一樣，必須如偵探般調查蛛絲馬跡。儘管上市公司可能會在監管文件中，揭露關於員工數量和工廠地點的訊息，但他們不必列出新設備、與合作夥伴間的合約細節、專利申請的相關闡述、品牌強項、品牌聲譽和組織流程。因此你還是需要將媒體文章、新聞稿、供應商公告事項、專利申請、合作夥伴公告，以及可以尋獲的諸多消息來源整理在一起。同樣的，要蒐集私人公司領導人的資訊，使用的

依然是我們討論過的資料來源。

以嘉吉公司（Cargill）為例。根據《富比士》（*Forbes*）報導，嘉吉是二〇二一年美國規模最大的私人公司[4]，他們的網站看起來和其他大型上市公司網站很相似：有業務部門、公司資訊（包括執行團隊的資訊）、產品服務清單，以及包含新聞稿、演講和簡報的公告專區。嘉吉甚至還提供年度報告，雖然內容不像上市法規要求的那麼詳細，但仍囊括業務部資料、高水準的獲利報告及執行長對其業績的評論。

當然，並非所有私人公司都如此透明，但在《富比士》排名前十的其他私人企業——科氏工業集團（Koch Industries）、連鎖超市 Publix Super Markets、瑪氏食品（Mars）、連鎖超市 H-E-B、食品批發公司 Reyes Holdings、石油公司 Pilot Company、食品批發公司 C&S Wholesale Grocers、企業租車服務公司 Enterprise Holdings 和富達投資（Fidelity Investments）——他們都在主要的公司網站或特定網頁上，公開這些業務資訊和新聞稿，而科氏工業、瑪氏食品、Pilot、C&S 和 Enterprise 也張貼了領導團隊的履歷。因此，雖然要了解一家私人企業看似不可能，但事實並非如此。你無法完全了解它們，但話說回來，面對上市公司時也是一樣，重點是要蒐集到比以前更多的資訊，這樣無論如何，你都能更了解他們。

在了解私人競爭對手時，要注意兩種特殊的所有權結構：私募股權和家族企業。在檢視私募股權公司名下的競爭者時，應該鎖定該投資公司的投資組合，並了解他們過往管理收購公司的模式。他們通常會在收購的公司中導入新的領導團隊，是從哪裡找到這些領導人？管理公司是為了追求成長，還是為了快速出售？通常會持有多久再出售公司？在收購的公司陷入困境時，是否使用某個特別的對策來扭轉局勢？

對於私有的家族企業來說，最重要的是要全面了解家族譜系和權力結構。不要因為名義上是由女兒負責該組織，就認為父母不會負責一些重大決策。想了解這些關係如何影響公司決策，你可以閱讀與大型私人公司家族動態相關的報導。

無論競爭對手是否治理結構不同、來自不同產業、採用新的策略技巧，或是不斷創新、破壞既定的產業動態，你都可以利用、微調第一章的內容來因應，深入了解他們行為背後的動機。即便是綜合格鬥選手，還是要透過有氧訓練來強化肌力、增強體力和耐力，基礎原則依然相同，只是，一旦他們得知下一個敵手有何特別，就會磨練自己的技巧，來應對這些特定的不對稱性。只要有抱負，就可以藉此提升最終贏得冠軍腰帶的機會。

第三章

當你出招，他們會如何反應？

據說，西洋棋大師可以預判並分析之後的十到十五步棋，而之所以能這麼做，也是因為有將對手的行動納入考量。他們分析自己可以嘗試的棋步，以及對手可能採取的走法，然後評估哪些選擇最有可能讓自己獲得優勢。國際西洋棋大師因為記住了一盤棋可能出現的多種走法，知道在十幾步棋內，棋局可能會以何種方式進行，因而預測出對手會採取的一系列行動，也有了自己該做的一系列回應。

如果你曾跟一個非常優秀的棋手對弈過，對方就算不是大師，你依然可能感到沮喪，因為他們似乎可以阻擋你的每一步行動。你本來以主教領先在前，卻發現對手抓住了你的騎士，同時還擋下了主教；或者，你將國王易位，讓城堡走到棋盤中央，藉此發起攻擊，卻發現國王被困在角落，所以你不得不緊跟在後、防衛國王。

當你在思考業務方案時，有時就會有這樣的感覺：無論想出多麼厲害的想法，真正開始執行時，競爭對手早已先發制人；又或者，對方早已準備就緒，帶著女王從後排猛撲進攻，終結我們的戰略，進而「將軍」，甚至「將殺」（checkmate）我們的國王。要如何克服這些恐懼、更了解對方的能力、推測他們的下一步？首先要思考，他們可能會如何回應我們採行的對策，然後在下一章，我們再繼續評估他們可能採取的行動。

一九七九年，美國最大的啤酒公司安海斯－布希（Anheuser-Busch）決定開始生產一系列休閒食品，以進一步提高啤酒的銷量。通常大家吃了鹹食、感到口渴時，就想找些東西來解渴，這時，還有什麼是比一罐冰涼的百威啤酒（Budweiser，安海斯－布希旗下品牌之一）更好的選項？

因此，該公司的零食品牌 Eagle Snacks 很快就起飛了，而且是真的「飛上高空」——他們推銷洋芋片和椒鹽蝴蝶餅（pretzels）給航空公司，同時也將這款零食賣給小旅店和酒館。這兩個通路都符合安海斯－布希的核心策略：吸引會口渴的客群，並讓他們在吃到更多鹹食後，感到更口渴。Eagle Snacks 的產品曾經非常受歡迎，很快就被富豪和酒吧老闆們追捧。

此時，安海斯－布希必須做出決策。他們可以繼續銷售這種互補產品，並獲得更高的邊際利潤，因為這樣做幾乎不需要額外的行銷費用；或者，將通路拓展到雜貨店、便利商店和酒類專賣店，也就是可以買到罐裝啤酒的地方。這個行銷邏輯其來有自，想像一下，你在酒類專賣店買了一手啤酒，然後在付款時剛好看到 Eagle Snacks 的椒鹽蝴蝶餅，於是你心想：「哦，這些和啤酒很搭。」

最終安海斯－布希決定在一九八〇年代初期開始擴張，進入由菲多利（Frito-Lay，百事可樂旗下的休閒零食公司）主導的市場。在那之前，菲多利可能不滿安海斯－布希出售零食給航空公司和酒館，但該市場較小眾，也不是他們銷售量最大的地方；但雜貨店、便利商店和酒類商店等包裝食品通路就不同了，菲多利公司不打算讓安海斯－布希在這個領域不戰而勝。

最後，兩方大戰了一場。菲多利全面降價，還聘用更多司機和監控補貨狀況的業務人員，由他們拜訪零售通路，確保樂事洋芋片和 Rold Gold 椒鹽捲餅供貨穩定、塞滿貨架。而且，為了確保消費者會選擇自家旗下產品，他們還將廣告費用提升至原本的三倍。

當時，安海斯－布希的 Eagle Snacks 已經經營了十七年，卻仍只能黯然收掉該部門。因為沒有人要買Eagle Snacks，他們只好以一至兩千萬美元的價格，將商標賣給寶僑（寶僑從未以其商標銷售自家品牌的產品）。安海斯－布希以一億三千五百萬美元的價格，將旗下五家製造工廠中的四家出售給菲多利，並沖銷（write-off）該部門餘下的兩億六百萬美元業務。

這故事並不是要強調企業會做錯決定。該產品線背後，其實有明確的策略和組織運作邏輯，因為產品具互補性，而且他們從小規模的利基型市場出發，在能掌握自己的產品和步驟流程後才向外發展。然而，這個故事也表明了，**你必須注意競爭對手的反應，不要因為在利基型市場成功，就覺得自己可以大幅擴張**；在一個地區成功，不代表能在全球獲得主導地位，過度專注於自己的產品、流程及當前客戶，可能會讓你忽略潛在的危機，**等到未來成長計畫讓競爭對手備感威脅時，對方便會豎起磚牆、阻擋你的去路**，而你也容易因疏忽而沒注意到。

了解競爭對手的最大重點，是提高預測能力，讓你更能掌握他們可能採取的行動。當然，在產業大會上提出對其他同行的洞見，會讓你的同業驚嘆不已，也可能因此成為有趣的派對話題，但只有當你願意認真看待這些預測，並利用它們來制定更好的對策時，才有實質幫助。

是什麼樣的幫助？益處會以不同的形式顯現，例如為你的行動做好定位，這樣對手就無法輕易回擊；或在知道對方不會進入的子產業中，搶占一席之地；又或是精心設計你的公關資訊，讓對方摸不著頭緒。

本章和下一章將以前面概述的四步驟流程為基礎，探討多數公司會碰到的兩種別具挑戰的競爭者行徑：

1. 針對我們正在考慮的對策，競爭對手會做出何種回應？
2. 對方是否會發起新行動，會的話，可能是什麼？

為了解決這些問題，我們要將第一章的步驟四再升級，理解如何預測競爭對手的行為。本章會處理前面的第一個問題[1]，接著，我會在下一章解決第二個問題。

忽視競爭者反應，是企業常態

商務人士制定新策略時，有大量的前置工作：測試、開會、改進、再開會、評估、又再開會，然後開更多會議、做更多評估，最終做出決定。不幸的是，這個過程經常忽視一個因素，就是沒考慮到競爭對手將如何回應我方的新計畫，以及這對我方計畫的成功與否，有何影響。這絕不只是我的推測，而是有充分的案例可以佐證。

二〇〇五年，三位教授大衛・蒙哥馬利（David Montgomery）、瑪麗安・莫爾（Marian Chapman Moore）和喬爾・厄爾班尼（Joel Urbany），測試了商人在做決策時會出現什麼舉動[2]。他們採訪企業主管，了解他們過去一年下決定時會考慮的關鍵因素，再評估他們的答案，看這些高階主管是否有利用某些分析內容幫助抉擇。

略多於半數的主管被問及過往的定價決策，其餘主管則被問及自己在推出新產品上的相關經驗。受訪者在這兩類決策中，都有在超過八〇%的情境中，會考量內部因素，例如自己公司的能力、資產、資源等；顧客資訊方面，在推出新產品時，有七五%的情況下會納入考量，但在做定價決策時則只有略高於五〇%；而整體市場狀況，在推出新品時是六〇%，在定價上則只有四四%。

到目前為止，這些結果都符合預期（不過可能會有人想問，那二〇%的人之所以忽略內部因素，到底是在想些什麼？）。談到競爭對手時，高階主管們似乎都有意識到，他們面對的究竟是誰。受訪者有超過三分之二的機率會提起對手，有將近六〇%會提起過去或當前的競爭經驗。

針對受訪者是否討論過未來的競爭行為（competitor behavior）或競爭反應（competitive response），研究人員在評估時，發現一個有趣的地方：若要討論未來的行為或反應，就得預測對手，但此時高階主管幾乎都保持沉默。對於定價決策，只有一一%的人考慮過競爭對手未來的行為，且只有五%的人討論過對方會在後續做出的回應！對於推出新產品一事，比例又更低了：討論過競爭者未來行為的人數只有七%，考慮到後續反應的只有二%。在這些高層的印象中，只在不到一〇%的情況下，他們會思考對方針對自己即將推出的策略，會做出什麼樣的反應！

為了確定剛剛聽到的說法，是否特別針對某些異常決策，研究人員詢問受訪者：「如果要再次針對同樣議題做決策，你會問自己什麼問題？」

當然，高階主管們都有意識到自己忽視了競爭反應。畢竟，有一部分人曾親自面對市場的可怕回應，並因此學到一課，明白以後做決定時，一定要事先預測競爭者反應。不幸的是，理解這點的人遠遠太少。

針對公司內部、客戶、市場、競爭對手和過去的競爭行為，研究人員得出的數據都與先前大致相同：在負責做定價決策的高層當中，有一一％的人表示，他們會評估未來的競爭行為，一八％會預測未來定價決策可能造成的連帶反應；至於負責新品發布的高層，只有二％的人會考慮未來的競爭行為，五％的人會討論後續的競爭反應。

不到兩成的高階主管認為，評估競爭對手未來可能的反應，對自己公司提出的定價策略來說沒有意義。但實際來看，定價是所有策略槓桿中，最容易拉動的一環，而這些主管卻認為對手會如何調整定價並不重要。

為什麼企業會忽略競爭者的反應？正如前面所述，這主要是因為競爭對手被視為非理性的決策者。誰能預測一個不理性的人會做出什麼事？但是，由於競爭對手並非不理性，所以只要有正確的方法，就能推測他們的回應方式，我們只需要利用一種結構化的做法來分析。想得知競爭對手的反應，可以問自己三個關鍵問題：

1. 這對他們來說重要嗎？
2. 他們會考慮什麼？
3. 他們會選擇做些什麼？

我們會按照順序來解決這幾個問題。

在計畫問世前，對手都不會察覺你的威脅

業務人員每天都必須處理數十個計畫內外的問題（計畫外的可能更多）。他們必須澆熄客戶和供應商的怒火、參與主管的臨時會議，並努力制定自己的新方案。想想你每天的時間安排，有多少空檔可以坐下來審視產業格局？花了多少時間回覆電子郵件？又有多少時間花在準備會議、進行會議，或在會議結束後寄送主旨為「後續細節」的電子郵件？

在這種情形下，第一個要問的問題是：「我們這項方案，對對手來說真的重要嗎？」從表面上看來，答案顯然是「重要」。它花了你好幾個月的時間規畫、設計、打造、測試、完善，占用很多時間和精力，所以這對你的競爭對手來說，顯然也應該很重要。但這就是我們一直在談論的自我中心陷阱：只從自己的角度看世界，而不是從競爭對手的角度出發。

你需要戴上同理心的眼鏡來評估：競爭對手將如何看待這項新做法？要回答這個問題，你必須先解決三個子問題：

- **對手會發現嗎？內部事務可能讓他們已無力關注外界**

最顯而易見的問題是，競爭對手到底會不會注意到你正在執行新方案？我們傾向於假設對方

會注意到這件事，認為每個對手都在想辦法打敗自己，或要「逮住」你的想法並摧毀它。但是，對方如果想迅速對你的行為做出回應，就必須先意識到你正在實行這項計畫。

有兩個主要原因可能導致競爭對手沒能察覺你的新方案。第一，你進軍的市場是他不關注的領域，例如你可能會在對方業務規模較小的地區做市場測試，或是你打算運用他們目前尚未合作的經銷管道。在中國，多數公司蒐集的是一線城市和部分二線城市的市場數據，如果你要在三線城市推出新產品，競爭對手很可能就不會注意到。

如果對手有去中心化的特性，也可能因此產生盲點。某家大型跨國建材公司就面臨過這個問題，他們按地區設立旗下的公司，且每位經理只負責其所屬國家的損益狀況。這樣的權力分配很合理，因為建築材料很難長距離運送，而且一旦跨越國界，施工方式和需求可能就會出現很大的變化。

而這家建材公司面臨的挑戰是，主要競爭對手也在數十個相同國家開展業務，領導層看出，對方的定價和推出產品的模式，在不同地區有些相似之處；如果對方在一個國家降低價格，通常會在接下來幾個月內，在其他條件類似的國家也降價。但是，由於這家建材公司是以去中心化的方式設立，各區的區經理對這些發生在其他國家的趨勢往往視而不見。

第二個可能會讓競爭對手沒察覺到的原因是，他們可能真的被自己內部的其他事務分散了注意力，沒有心力放眼外界，了解競爭者的狀況。又或者，他們可能正忙於落實自己的新計畫，以至於沒有餘裕關注其他人在市場上的操作。

有一項經典的心理學研究，證實了這種名為「不注意視盲」（inattentional blindness）的現象。在這項研究中，受試者被要求觀看一段影片，裡面穿著黑色或白色衣服的人互相傳球給對方。受試者要計算特定事件的發生次數，例如穿著不同顏色球衣的人互傳了幾次球、傳球型態為何，及所有球種的傳球總數。影片播到中間時，會有個穿著大猩猩服裝的人走到球員之中，搥打胸部後再走出畫面。

影片結束時，受試者被問及影片中有無任何異常狀況，結果，有半數的受試者表示，根本沒有注意到大猩猩[3]。後續的研究，要求受試者要有意識的尋找大猩猩，有些人還是沒注意到其存在；就連那些原本有看到大猩猩的人，也在後續實驗中錯過了研究人員對影片做出的其他調整。這是因為，如果過度專注於一項重要任務，你就很難察覺周遭的變化。

這個道理也適用於公司。想想你自己生活中的例行公事，可能會在進辦公室或吃午餐時看新聞，或是產業協會或其他團體的最新報告，但在問題一個接一個的竄出、撲滅一把火後又冒出兩把火的時候，你還會花時間看新聞、讀報告嗎？我們都會區分輕重緩急，先滿足最迫切的需求，而你的競爭對手也是如此；如果他們被組織內的大幅變動分散了注意力，就不太會花時間觀察外界變化的跡象。

● 這是個威脅嗎？取決於會造成多大的影響

我們先假設對手確實知道你有所計畫，也知道你即將開展什麼對策，那麼，第二個子問題就是：他們會不會感受到衝擊？

對於重大的方向調整（至少從你的角度來看就是如此，因為如果不打算讓這個對策帶來重大影響，你可能根本不會考慮它），我們必須再次從競爭對手的角度出發，思考他們是否會感受到這個威脅。

要考慮這個問題，其中一種做法是利用我們在第一章討論過的不對稱性。並非每家公司都擁有相同的市占率、地區覆蓋範圍或產品組合。除非你正要上架全品項的庫存單位（按：stock-keeping unit，簡稱SKU，指最小庫存單位）產品（按：可理解為所有規格的產品），可以應付市場上每一種可能的產品，否則，你對不同的競爭對手肯定會產生不同的影響。

以可口可樂和百事可樂為例，可口可樂在某些國家擁有較強大的品牌優勢，而在其他國家則是百事可樂領先。如果可口可樂在市占率領先的國家推出新產品，那他們對百事可樂業績的影響，將會比在百事可樂領先的國家小。如果可口可樂要在一個地方推出新的運動飲料，而百事可樂的運動飲料開特力（Gatorade）在當地擁有強大地位，那可口可樂帶來的反應，可能會比推出新的能量飲料或瓶裝茶更為強烈。

這並不代表百事可樂不關心其他產品，或不在意自己在業績落後的市場可能損失的銷量，而是優先順序的問題。如果你的策略不會對競爭對手產生實質影響，那他們可能就不會做出反應（至少不會有太大的反應）。

這與對手會不會感受到威脅的第二個影響因素有關，那就是——決策者。每個高階主管都有自己的目標，那是他們必須在不同時期達成的事項。你的計畫會不會影響他們所在的地區或產品組合，有部分取決於他們能否達成那些目標。

當然，你不能直接打電話問他們簽過什麼合約條款、有哪些業績門檻，但觀察他們有助於了解對方關注的指標：他們在談論的是市占率還是收益？委託書中列出的高階主管績效獎金，是依照什麼結構來分配（代表哪些指標對公司整體而言相當重要）？過去的決策是否顯示他們注重市占率、獲利能力或營收成長？如果這些管理者已經超額達標，是否會冒著失去卓越績效的風險，對你的策略做出大刀闊斧的回應？

回想一下，本章最前面提過安海斯－布希公司的例子。在Eagle Snacks以航空公司和小酒館為銷售管道時，菲多利並沒有積極回應。Eagle Snacks的確帶走了一些潛在的銷量，但如果菲多利認真應對此事，他們較為吃重的業務就會面臨風險。不過，在安海斯－布希跨進菲多利市占率最高的通路後，他們就別無選擇，只能捍衛自己的地盤。那時，他們確實感受到Eagle Snacks帶來的威脅，怕對方會像進軍航空公司和酒館通路時一樣，一舉成功。

● **對手會反擊嗎？資金夠多、組織穩定才會**

想知道你的行動對競爭對手來說是否重要，第三個子問題是，若要對你做出回應，是否會犧牲他們公司其他事情的優先順位。

前面的第一個子問題是「對方是否意識到威脅的存在」，第三個子問題則略有不同。現在我們假設對方看到了威脅、意識到自己會受到影響，然而，他們內部的工作分級流程顯示，從長遠來看，做出回應並不重要。

其中一個狀況是，對手近期是否自己執行過大規模的計畫。如果有，要轉換路線可能是一項大挑戰，因為可能對內部支持度和投資者接受度帶來風險。如果內、外部利害關係人沒有完全理解轉換路線背後的原因，那這可能會癱瘓組織。另一個例子是，對方是否最近剛完成或即將完成一項大型收購計畫。

整合兩家公司的過程，可能會消耗兩個組織的資源，且從長遠來看，對手可能會認為，整併成功比回應你的計畫更為重要。從另一個層面來看，如果對方是正被收購的標的，收購方可能會限制他們在交易完成之前，僅能進行某些行動。

不以回應競爭為優先要務的另一個常見原因，是競爭對手正在處理績效上的龐大問題。同樣的，這和前述他們因為分心而看不到威脅的問題不同。競爭者可能非常清楚你將要執行的新對策，但由於他們自己就在不甚穩定的狀態，所以無法做出相關回應。

當然，你可能會想：「如果他們遇到了這麼大的麻煩，以至於無法優先回應威脅，為什麼不直接先應對我們，來幫助自己擺脫困境？」不回應確實可能產生更多麻煩，但這是時間問題。如果你推出的新產品可能會在十八個月內獲得一五％的市占率，那麼多數公司都會將它視為一個巨大的威脅。即使競爭對手擁有六〇％的市占率，你也從中搶走了四分之一的銷量，甚至可能在之後的十八個月內又會再搶走另外的四分之一。但如果他們有債務在三個月內到期，在償清債務時又面臨了一些困難，那一定會想要避開這場市占率之爭（他們沒有那麼多錢來做這件事），以保持足夠的清償能力。因此，就其優先順序而言，重要的是競爭對手的時間規畫，而不是你自己的時間安排。

你向市場傳達的策略意圖，也會影響對手的想法。提供足夠的資訊，可以使投資者對你的策略有信心，但也不能洩露太多資訊，才不會讓競爭對手能依此推斷出，這會對他們產生什麼影響，資訊揭露的程度存在著一個平衡。規模較小的企業若要與較大的業者競爭，技巧性的傳達資訊尤為重要。正如我們在Eagle Snacks的案例中所見，他們明確表示要拓展至所有通路，這便讓菲多利清楚感受到這會影響他們的銷售業績。相反的，如果安海斯—布希公司在沒有公告任何大型促銷的情況下，悄悄的在某些市場和零售商上架產品，菲多利要再做出一樣積極的反應，可能也為時已晚了。

如果競爭對手根本沒發現你正在計畫的事，他們就無法做出回應；如果他們認為你的策略不會對業績產生重大威脅，就不太可能冒著風險來回應；如果他們有其他事情需要優先解決，就無法分散注意力來對付你。

現實情況是，對方並非都能得知你正在採取的行動——至少在一開始時是如此。二〇〇八年，我與凱文．柯伊恩（Kevin Coyne）一起**透過《麥肯錫季刊》**（*McKinsey Quarterly*）**進行了一項調查**[4]**，詢問一千八百二十五名高階主管，在過去兩年中，用來對付競爭對手重大行動的因應流程**。有半數的經理人收到的問題是，回想面對競爭者重大的定價調整時，如何做出回應，而另一半則被問及重要新品上架時的應對狀況[5]。所有經理人都做出了回應，且回應的都是對方公司最初的行動。

由於調查內容是要詢問高階主管們，面臨過哪些重大競爭行為，所以我們知道這些公司確實注意到了那些威脅。因此，我們要問的是，他們第一次看到這個威脅的時間點。在定價調整問題上，有四四％的受訪者是在消息發布或實際上市時獲悉此事，有二〇％是等到市場上出現價格變化時才發現。而新品上市部分，有三分之一的受訪者是在消息發布或上市時得知，一三％一樣直到與對手已有段距離時才發現。

競爭對手是否等著突襲、破壞你的方案？調查顯示，情況並非如此：在推出新品方面，只有不到四分之一的受訪者表示，他們早就事先得知新產品上市的消息，所以已經在產品推出前就計畫好回應方式；而在改變定價方面，更只有八分之一的受訪者有同樣的遠見。

換句話說，**有超過七五％的情況下，在你的策略出現在市場上之前，對手都不會察覺到這個威脅，所以也不會有充足的時間來反制**。你不必擔心他們會在新方案一推出後就等著攻擊你，要擔心的是，在開始執行新方案後，他們會做些什麼。假設對方看到、感受到，並優先處理你造成的威脅，接下來究竟會做什麼？

對手的反擊不難猜，通常是業界最常用的那種

既然已經確定競爭對手會做出回應，若要預測他們會做出什麼事，就必須先思考會納入考慮的一系列選項。研究參與者之間如何進行策略互動的賽局理論，可以提供一些見解。該理論使用五個關鍵來定義眼前的賽局：

1. 參與者名單（玩家是誰？）
2. 他們的目標（他們想要什麼？）
3. 策略選擇（他們有能力做什麼？）
4. 有關賽局的資訊，包括遊戲規則（他們知道些什麼？）
5. 回報（他們能得到什麼？）

我們要專注於第三個要素：策略選擇。賽局理論告訴我們，要考慮玩家在遊戲中可以做出的所有選項，無論他們會不會實際使用這些選項。若考量到完整性，這確實是解決問題的絕佳方法。要考慮每一種可能，你一定會徹底研究各種辦法、評估每一個潛在的選擇，並確保考慮到每個選擇會產生的各種意外結果。但在現實中，這並不可行。

賽局理論的學者意識到了這一點，所以他們通常會將對策減少到易於掌握的範圍，而代價就

是簡化賽局。但在現實世界中，你必須面對所有複雜混亂的議題，而這就是這整本書的重點：不要將競爭對手的選擇簡化為你希望他們做的事。要站在他們的角度思考世界，從他們的角度考慮問題。但這似乎又讓我們回到了同樣的問題上：對手幾乎是怎麼選擇都可以，那要如何評估他們會考慮哪些選項？

幸運的是，雖然理論上我們必須考慮對方可能使用的所有選項，但實際上，他們在面對時間壓力時，也會走捷徑，並簡化自己的組織。不用懷疑，當你啟動一項重大策略，而對手看到、感受到，並確定要優先處理這項威脅時，計時器就開始跳動了。現在從對方的角度來看待此事：經理向執行長報告了你們（也就是他們的競爭者）剛剛推出的新定價方案、新服務，或是新進入的市場，他預計這會對他的表現產生負面影響。執行長會如何回應？她會說：「嗯，這很有意思。那你花幾個月的時間來考慮各種選項，測試和評估你認為最可行的做法，聯合公司的其他成員以取得支持，然後我們再來回擊吧！」還是說：「現在不行？好吧，那我最晚要在週末之前看到你提議的回應方式！」多半會是第二種說法。

如果你的競爭對手時間緊迫，他們就沒有餘裕提出一大堆可能的因應措施，也無法做出太複雜的回應。我們怎麼知道？《麥肯錫季刊》做過調查，要求受訪者說出自己的組織曾投入資源在多少不同的潛在選項來分析，我們問的不只是他們隨便拋出的選擇或想法，而是他們實際花了時間（和金錢）做過的評估。略低於一〇%的受訪者表示只鎖定一個想法，並開始努力分析；有三分之一的人表示，他們在兩種不同的選擇上投入了資源；略超過四分之一的人表示，他們研究了三種潛在的反應。總體來說，有三分之二的受訪者表示，他們考慮過的潛在回應不超過三個[6]。

但他們考慮了哪三個？要了解對手將重點放在哪三個天馬行空的選項，來阻撓你的計畫，這似乎仍是一項不可能的任務。但回想一下時間壓力這件事——他們沒空在移地會議中腦力激盪，一起發想有創意的回應手法。他們可能會得出一些相對顯而易見的選項，並開始評估它們。同樣的，前述的調查也證實了這一點。

當經理人被問及他們會考慮什麼樣的反應時，最常見的回答是「最顯而易見的那一個」，有五五％的受訪者選擇了這個答案。該調查沒有細究這個答案的含義，但由於詢問的是受訪者身為別人的競爭對手時，會如何對定價或新品上市做出反應，因此我們可以透過以下幾種方式來解讀他們的回答。

對於定價調整，競爭對手最直接的回應，就是跟著對方最初的價格變動做出相應的調整。如果對方將價格降低五％，那麼我們最顯然的做法就是也將價格調低五％（左右）；如果對方將價格提高五％，那麼最明顯的對策，可能也是將價格提高五％。

美國行動通訊產業的定價結構調整就是很好的例子，美國三大通訊巨頭的費率和服務水準通常極為類似，當其中一家業者調整價格時，另外兩家通常會做出相似的調整。如果有一家業者改變其定價結構，取消將手機與兩年資費綁在一起的合約條款，其他業者在短時間內也會仿效。在許多產業中，即使他們提供的產品或服務不是單純的實體商品，但價格和定價結構的變化，往往也是牽一髮動全身。

對於新產品的上市，有兩個明顯的反制方式。首先，如果對手有能力推出同類型的產品或服務，他們會考慮「來推出一款山寨產品吧！」。這種情況在金融服務業中經常發生：當一家金融機構推出新產品時，其他公司會迅速跟進。第二個常見的反制方式是「那我們來降價競爭！」。如果對方的新產品或服務品質更高，要防止客戶轉而購買對方的產品，其中一個快速且容易辦到的做法，就是降價競爭。

要理解「顯而易見的反制行為」，關鍵在於查看產業過往的變動情形，而不是依循坊間策略交戰守則上列出的方法。**我們這一行的產品通常如何定價、進入市場或宣傳？競爭者是否互相抄襲？他們會不會降價以防止流失客戶？有沒有一種模式可能不是百分之百會發生，但經常在業界出現？將你所屬產業的過往模式，視為最明顯的反制行為。**

現在我們已經找到了一個可能的競爭回應，也就是最顯見的反制行動，接下來第二和第三個常見的回應，則會根據受訪者的職責而略有不同，高階主管中負責定價和創新的人士，給出了不同的回覆。

對於定價，四三%的受訪者會考慮公司同一部門上次面臨類似定價變動時的做法，他們會考量：「我們上次做了什麼，那個方法有效嗎？」面臨時間壓力的經理人幾乎一定會複製過去的成功經驗。對於創新，則只有略多於四分之一的受訪者，考慮了同一部門以前做過的事情。此外，他們第二個靈感來源，則是董事會成員或外部顧問的建議：「顧問說我們應該做些什麼？」在創新領域有三二%的受訪者聲稱，他們會分析董事會或顧問給的建議，而定價組別則有三〇%的受訪者會評估。

上面這些數字和選項背後真正的涵義是什麼？如果對手在考慮競爭時，最有可能花時間評估二至三個選項，那麼前三名的選項如下：

1. 最顯而易見的反制方式。
2. 同一部門上次做過什麼。
3. 外部專家的建議。

你應該要能預測，自己優異的對策，會面臨競爭者哪些深思熟慮過的回應。最明顯的就是你自己在面臨同樣的威脅時，會做出什麼反應（或你的產業過往出現過什麼反應）。你可以重新審視同一部門之前做過的事情（因為在第一章框架的第一步驟中，你已經對過去的行徑進行過分類了）；可以詢問董事會成員或顧問（如果有顧問的話），他們會如何應對你提出的策略調整。如果沒有顧問也不用擔心，我不是建議你去聘用顧問，他們通常會針對顯見的反應或先前成功的競爭回應（來自你某個特定的競爭對手，或是其他公司的回應），給出一些延伸的建議。除了出自間接競爭者的成功方案之外，你已經有探索過這些可能的應對措施了。

至於其他四項回應方式，若要作為潛在的競爭回應，在定價和創新兩方面都獲得了大約二〇%的比重。這四項分別是：一、同一部門「再前一次」的回應（也就是比前一個回應更之前的那次回應）；二、公司其他部門過去面臨類似威脅時所做過的回應；三、負責決定此回應的高階主管，先前在選擇時所做過什麼；四、其他公司在面臨相同類型的挑戰時所做的回應。

你不必深入研究所有的潛在反應，不過如果你一直有在使用四步驟流程框架來了解對手的想法，那麼其實你已經找到上述前三個回應的做法了：競爭對手過去所做的事情，無論是在特定部門還是在整個公司，其實就是那個四步驟流程（「做出預測，然後看看會發生什麼」，代表你正在追蹤他們做過的事情）。請記住，你應該追蹤對方的組織規模，會對與你競爭的部門帶來什麼影響。步驟三可以讓我們知道，負責決策的主管，及她曾經做過的事情。如果你對負責決策的人有深入的了解，就會大概知道她在類似情況下曾做過什麼，或至少了解她曾為哪些公司工作過，這樣就可以弄清楚她和那些公司做過些什麼事。

但如果對方的顧問建議他們從不同產業、地區、時期來著手，去找找看別的企業做過什麼事，或是選擇曾在某個狀況下發揮效用的新手法來回應競爭，那又要怎麼辦？好吧，在某些時候，你無法完美的預測出對方會考慮的所有選項。但請記住，這不是你的目標：你想要的，是讓自己能對他們想嘗試的潛在回應方式，做出更周全的思考。競爭對手在回應時，可能只會考量兩到三個選項，如果你很有把握知道大部分的反應，就有很大的機會可以預測到，對手挑燈夜戰的想阻止你的行動時，會去分析哪些回應方式。

反擊策略若非公司慣例，執行機率低

既然現在已經很清楚，競爭者會將哪些方式當作可能的回應手段，你必須問自己，他們實際上會選擇哪一個做法？這個任務似乎也相當艱鉅。當然，我們可以看看他們過去做過的選擇，但就像所有優秀的投資人都知道的，過去的表現並不代表未來的結果。換句話說，我們無法保證他們會再做出相同的選擇。

如果要再次從賽局理論中找答案，就要小心應用這些概念，否則可能會跌跤。首先，賽局理論直言，玩家將從所有可能的選項中做出選擇，以幫助自己獲得最佳的結果。如果我們知道對方的目標是什麼，就可以查看上面確定過的那兩、三個最有可能的選項，以判斷出哪一個是最佳選擇。這代表我們必須確定競爭對手的目標，這時四步驟流程會再次發揮作用。

步驟一告訴我們，要留意競爭者所說的話。他們在財報會議上討論了哪些指標？與對方公司有關的報告中，分析師關注的是什麼（適用於上市公司）？執行長寫給股東的信件中，討論了哪些指標？他們在新聞稿中又列出了哪些主要指標？

把這個和步驟三（誰來決定）結合：高階主管薪酬獎金的決定依據是什麼？部門主管報告了哪些指標？如果是上市公司，他們報告部門績效的方式也能提供線索，讓你了解該公司重要的指標為何。部門主管在新聞稿中說了什麼？或是執行長對部門績效有何期望？鎖定負責做最終決策的經理人，看他想要達到什麼樣的具體指標。請記住，我們已經考慮過相關的指標有哪些了：在預測對方反應的第一階段，我們問過競爭對手是否會因為她必須達到某些指標，而感受到你帶來的威脅。

《麥肯錫季刊》的調查，探討了能用來評估潛在選擇的主要績效指標，結果與大多數人的假設相反，只有六％（定價組）或七％（創新組）的受訪者，會以該選項的淨現值（net present value）來當作評估依據；另外有七％（定價組）到九％（創新組）的受訪者是以淨現值為基礎，再加上防止其他競爭者在未來執行對策所帶來的額外好處（讓其他人在想仿效你的大膽做法時，會先三思而後行）。總體而言，希望實現淨現值最大化的受訪者未超過一五％。

那競爭對手會看什麼？在多數情況下，推出新品時是以它們對市占率帶來的影響來評估，而調整定價時則評估對收益或現金流的影響。此外，競爭對手並不會關注長時間的發展，創新組有近五〇％、定價組有六〇％的回應，取決於未來六到二十四個月的預測。這些都不是長期的評估報告，但仔細想想，其實是有道理的。一位負責因應競爭對手重大行動的經理，會想確保她的表現能夠保住這份工作。而且兩年後她的員工績效考核中，可能也不會寫到和這個回應手段有關的資訊。如果你想在自己的職位上生存並進步，最好先保證能在未來幾年表現良好，而不是擔心五、六年後會發生什麼事。

賽局理論提供的第二項幫助，是能讓你徹底思考動態反應。因為你正在調整策略，然後競爭對手做出了回應，你接下來可以再次回應對方的做法，然後他們也會如此，之後你也會再做出進一步的反應，過程大致會是如此。這就稱為多回合序列（multiround sequential）賽局理論：每一輪都可以做一個選擇，且玩家會按順序來做這些選擇。在這裡，賽局理論建議你考慮所有潛在的反應和對策，但要在接下來的幾次選擇中按此模式操作，卻容易讓人氣餒。（要確定競爭對手的第一個反應，不是就已經很困難了嗎？現在還要再試圖找出他們的第三、第四和第五個反應會是什麼？）

前述調查再次表明，你不用擔心要考慮太久以後的事情。大約四分之一的受訪者表示，他們甚至沒有建模研究，第一次行動後，對方會採取的任何一個反應。也就是說，他們會花時間和資源來考慮如何應對，但認為對方接下來會再如何回應並不重要！另外有三五％到四〇％的人只多模擬了一項後續的反應（可能是原本的公司或另一個競爭者的反應）。競爭對手只有二〇％到二五％的機率，會創造出包含行動和反擊手段的多回合賽局。

既然對方沒有餘裕打造和評估複雜的多回合賽局模型，這表示你不必假設他們會這樣做。從他們的目標和目的來看（可能是短期收益或市占率），有哪些潛在的回應可為他們提供最佳的結果（在你開始調整策略後的第二步行動），你可以對此事進行建模分析。你會對這個舉動做出什麼反應（順序中的第三個舉動）？你的反應會讓他們再次調整先前採取過的行動（順序中的第二個舉動）嗎？嘗試回答這些簡單的問題，你幾乎就能複製對方的分析內容，並好好了解他們將會做些什麼。

對於競爭者的反應，還有一個要考慮的因素：他們會克服自己組織的內部慣性，來對你做出反應嗎？不要只是因為對手已經完成分析並做出了選擇，就覺得對方公司會實際執行這個反制的行為。

我們在第一個關鍵問題中，談過要確定威脅的優先順序，但這裡不太一樣。原本的觀點是，競爭對手確實有花時間探索可用的選項，並以此做出決定；但現在的狀況是，領導層雖然決定優先處理這個威脅，並已決定了最好的應對方式，不過最終卻無法推動組織採取行動。

創新就是一個完美的例子：與小型新創公司相比，大公司通常更難打造創新環境。如果一個創業者開發出徹底改變該產業的新產品，競爭對手的領導層或許會認為，複製該產品（或推出更好的產品）是最佳回應手段，但他們可能無法說服研發人員放棄手邊正在做的研究，改去複製那個新創公司的商品（「這有什麼新奇的？這樣既沒創意也不新穎」），或者改推另一款全新的產品（「我花了三年時間讓這個產品臻於完美，幾乎已經準備好要推向市場了，結果你叫我放棄它，去發想其他東西？」）。除非研發人員接受新模式，並願意改變他們關注的焦點，不然無法有效的執行應對方案。

你可能有意識到，這個與慣性有關的難題，是從第一章框架的第三步所得出的：是誰需要改變自己的行為，他們有沒有動力這樣做？第一線員工會執行高階主管的要求嗎？如果不會，那對手做出回應的可能性就會降低，而這就是一七%（約六分之一）的受訪者最終採取的做法。他們花時間分析面對競爭者重大行動時可做出的各種反應，但是最終什麼也沒做。

比對手多思考幾步，就能避免被「將軍」

這個三階段關鍵問題組，看起來只適用於上市公司，但其實可以套用在任何組織上。對非營利組織來說，另一個機構剛剛發起了一項要募集一千萬歐元的新活動，這件事重要嗎？這家非營利組織會不會留意到這個募款活動？該活動是否會威脅到他們的資金來源，或與他人合作執行組織任務的能力？他們會優先考慮回應此企劃，而不是繼續進行他們正在努力達成的其他事項嗎？

私人公司會考慮的選項，可能和我們上面談過的清單非常相似：顯見的反制方式、他們上次做過什麼，或是值得信賴的顧問可能給出什麼建議。甚至在**私人公司**中，可能更常考量上次做過什麼，最高級別的所有權人（家族或個人）**往往會重複過去的成功案例**。所以，我們要利用第一章第三步驟中所得出的見解，來確定領導者的行為模式。

最後一個問題：他們會如何決定要做什麼？我們分析過多回合的動態應對方式，而現在這個問題，也可以用相同的方式來分析，不同之處在於，競爭對手想達成的目標可能有所差異。非營利組織會根據其宗旨來檢視不同指標，例如募款目標、服務人數或特定疾病減少的百分比，而不是從收入、市占率（可能還有淨現值）等角度出發。在此請使用第一章的第一步驟。注意非營利組織的使命宣言，或其領導者對於募款目標的看法（例如資金的數量、可利用的募款來源、特別活動等）。

私人公司可能有更長期的目標，但對於掌權的大家長即將退休的家族企業，他們則可能有其他目標，例如確定誰來接班。這種接班挑戰可能會讓他們改為鎖定短期目標，因為兄弟姐妹之間，會爭相證明自己帶領的部門比其他人優秀，應該由自己來領導整個企業。（這種內訌可能表示你的行動對他們來說並不重要；他們可能不會發現你的作為，或不會優先考慮你帶來的威脅，因此不會有任何反應可供分析。）

最後，如果你想了解政府監管機關可能會如何反應，他們關注的重點可能是要增加機關預算，或要證明自己的態度強硬，以保住地位。如果當權的政府任期即將結束，該機關便可能會連帶受到影響，因為機關首長可能會希望留下亮眼的表現（或是現任政治人物希望增加其政黨連任的機會）。

另外，正如我們在第二章所看到的，思考創業家時有兩個面向。一是新創公司必須思考現有業者將如何回應他們；另一方面，現有企業也必須考慮新創公司是否會做出反應，他們的反應又會是什麼。對於在考慮現有企業會如何反應的新創公司來說，這個過程至關重要。

創業者最有可能進入的，是一個現有企業已經在為客戶提供服務的市場。正如安海斯－布希公司在擴張雜貨店和便利商店通路時，必須考慮菲多利的反應一樣，新創公司也必須考慮現有企業對其進入市場的反應。如果他們推出的產品僅服務市場的一小部分消費者，不打算進一步擴張（且現有企業也充分理解這項計畫），那麼這個新進業者對現有業者來說可能並不重要。

然而，如果這些現有企業擔心新進業者會擴張，那對方就變得很重要了。現有企業會考慮採取的反應，可能包括將新業者限縮在一小部分的市場中，或試圖從一開始就阻止他們站穩腳步。

無論如何，創業者可以透過本章中的三個關鍵問題，來評估現有企業認為新進業者是否重要、會考慮哪些回應，以及最後會選擇哪一個回應方式。

對於創業者來說，有個元素相當重要，那就是如何向市場傳達他們的意圖。新創公司必須平衡以下兩點：要在大型企業的雷達下飛得夠低，以免招來對方的強烈回應，但同時又要發展得夠大以吸引創投。若繼續待在利基型市場，那現有企業做出回應的可能性會比較小，但這也表示該公司對投資人的吸引力將會降低。

至於現有企業是否會考量創業者所做的回應，你一開始的想法可能是：「誰會在乎啊？」現有企業的規模比新創公司更大，擁有更多資源，如果想要的話，也可以輕鬆「壓制」新創公司（以上事項都在相關反競爭法規的核准範圍內）。但這裡的風險在於，新創公司的競爭產品或服務，會優於現有企業的產品。一旦現有企業確立了自己的市場地位，規模較小、更靈活的創業者就可以轉向，使自己與現有企業區分開來。例如，新創公司可以尋找那些現有企業展開新做法後，對其服務感到不足的客戶，並為他們提供更好的服務，然後以這個為基礎來發展更廣泛的產品。如果現有業者擔心會發生這種情況（特別是如果他們正在啟動一項本身就具創業精神的新方案），那他們絕對需要考慮，規模較小的新創公司可能會如何破壞他們的新計畫。

而前述的三個問題再次為我們提供了一些見解。新創企業很可能無法優先考慮現有企業帶來的威脅，例如，創業者可能會全神貫注在自己的企業身上，確保不會失敗。（他們甚至可能根本就不會看到現有企業的新策略所帶來的威脅。）這家新創公司沒有過去行動的相關紀錄可以查找，無法藉此判斷他們可以考慮哪些選項，但還是有些地方可以找到線索，如下所述。

1. 這個創業者之前的公司是做什麼的？創辦人過去的經驗可以清楚表明他們將考慮採取的對策類型（正如我們在第一章第三步驟中看到的）。

2. 這個創業者有能力做什麼？利用什麼資源？領導團隊擁有哪些職能經驗？在哪些地區市場有業務？同樣的，這又再次證明了第一章的框架很有幫助（第一步和第二步）。

3. 這個創業者的目標是什麼？雖然很難確定，但先追求「短期生存」可能是最好的目標。大多數的新創公司還未達到可以合理考慮長期收益或市占率的程度，所以在緊要關頭時，他們可能會選擇一個最能安然度過下個季度和下一年的選項。例如，他們若要生存下來，或許只能以防禦來回應現有企業，或轉向新的地區或客戶群，以迴避現有企業提出的新措施。

如果現有業者在思考的，是一個未知、尚未出手的創業者，他們想知道，對方會如何利用提案來獲取優勢？那我們就回到第一章的框架：需要哪些資源才能擊敗這項提案？需要什麼樣的領導者（具有什麼樣的背景）來帶頭？現有企業應該向外探查具有這幾類特徵的公司。沒錯，這是一項艱鉅的任務，但這種思想實驗可以讓現有企業能從不同的角度去建構出挑戰，來為自己的提案帶來新的想法。

這三個問題能適用於所有類型的組織。但你的競爭對手還是得先覺得，你的舉動對他們來說很重要，才會考慮採取行動。他們會篩選出一些選項來分析（因為他們沒有充足的時間逐一分析），並從中找出最能幫助自己組織實現目標的選項。如果你能夠回答這三個關鍵問題，就能好好的預測對方的反應會是如何。

如果西洋棋棋手沒有思考，自己在走棋後可能會出現的回應，那麼他們的皇后就會常常被困住，國王也很快就會被將殺。若能比對手先一步思考後續的幾個做法，你就可以避免在商業環境中遭逢同樣的命運。幸運的是，競爭對手不會下立體的棋局，他們通常不會採用你無法掌握且具高度創意的策略，因此，你可以預測他們可能會做些什麼，並避免落入陷阱之中。

第四章

來自麥肯錫的競爭行為調查

很多同一年上映的電影都具有相似的情節，這種案例很多：

1. 一九九七年的《火山爆發》（*Volcano*）和《天崩地裂》（*Dante's Peak*），講述火山爆發即將造成末日的情節。

2. 一九九八年的《世界末日》（*Armageddon*）與《彗星撞地球》（*Deep Impact*），講述來自外太空的天體（小行星／彗星）即將與地球相撞的故事。

3. 一九九八年的《小蟻雄兵》（*Antz*）與《蟲蟲危機》（*A Bug's Life*），描述擬人化的昆蟲角色，為保有自己的生活方式而努力奮鬥。

4. 二〇〇〇年的《全面失控》（*Red Planet*）和《火星任務》（*Mission to Mars*），講述如何在火星處處潛伏著危機的惡劣環境中生存。

對這些電影製作公司來說，這些作品所面臨的挑戰有真正的不確定性（如果這還稱不上致命威脅的話）：進電影院的觀眾，是否會對這個特定的故事感興趣，尤其當同一年還會上映另一齣劇情幾乎完全一樣的電影？

一部電影的開發、拍攝和發行需要花上數年時間，雖然劇本的資訊在初期開發階段就已為業界所知，但拍攝日期尚不明確（不知道何時能籌集到足夠的資金）。製片公司會面臨這樣的問題：他們的競爭對手會不會先發制人，搶在他們之前發行？在最初的階段，他們不得不思考，讀到的優秀劇本是否會在上映時，被競爭對手在同期上映的電影打敗。

其他產業的公司在思考競爭對手的計畫時，經常會想到這個問題：值不值得去嘗試預測競爭對手的下一步行動？還是說，可以等到他們的行動公開以後再做出反應即可？第三章說明了競爭對手的被動回應，但他們之後可能會採取的主動行動也很重要，這也是我們在第三章開頭所提出的第二個挑戰。

有另一個由三個問題組成的題組，可以幫助你評估競爭對手，看對方是否有可能正在重新審視策略，且即將做出調整。讓我們依次研究題組中的每個問題，並以同樣由凱文·柯伊恩所開發的、《麥肯錫季刊》第二份調查的結果來強化論述[1]。在這份調查中，我們詢問各公司，想了解他們的業務部門在過去五年中，實行過最大的策略計畫是以何種流程進行。這一千五百五十二份結果並不是針對競爭行為作出反應（這是前一份調查所探討的內容），而是屬於「自發性」的策略行動。接著我們會看到，並非所有的回應都符合大家的預想，但它們都提供了一些見解，可以幫助你預測競爭對手，看他們是否正準備推出新的計畫。

問題一：主動改變的時機已經成熟？

第一步很明顯是要嘗試確定，競爭對手是否需要新的策略方向。每個組織都會在不同的時間點，因為不同的原因而轉移焦點，思考一下一個公司可能改變方向的幾個原因，就可以了解這些原因是否適用於你的競爭對手。

●領導階層變動，通常伴隨公司改變方向

企業準備改變方向的其中一個原因，是他們原本的策略已經完全發揮作用。執行現有的策略已能達成目標，現在他們需要新的計畫。這在品牌行銷活動中很常見：公司會更新自己的品牌形象，不一定是因為醜聞纏身，而是為了刷新在客戶心目中的定位。

更大範圍的戰略調整也可能會帶來改變，彼得・布姆加登（Peter Boumgarden）、傑克森・尼克森（Jackson Nickerson）和陶德・詹格（Todd Zenger）的研究，對此提出了一項有趣的觀點[2]。他們發現，雖然有些公司確實可以在尋找新想法的同時，還一邊執行這些新構想（左右開弓），但多半必須在兩項任務之間來回切換，又要成立新部門來尋找新的機會，又要執行這些新方案（游移不定）。

對於來回搖擺的競爭對手，請觀察他們最近的組織架構，判斷該架構是為了探尋新機會（分散型組織，專注在實驗面），還是要運用這些機會（中心化架構，專注在營運面和效率面）。若對方長期停留在某個位置，很可能代表他們已經準備好轉向（該研究的作者群用下列比喻來描述搖擺不定的組織：他們向西北前進以達到「往北」的目的，接著轉回到東北方，然後再返回西北）。我們的調查提供了一些證據，可以說明這種情況發生的頻率：只有一九％的受訪者表示，他們先前的策略已經執行完畢，所以業務部門需要新的方向。

領導階層的變動，也可能是對手準備調整方向的原因。新上任的執行長通常會重整自己的高階主管團隊，並制定新的對策[3]。對於空降的「局外人」執行長來說尤其如此：董事會僱用外部執行長的部分原因，是希望公司往不同的方向發展[4]。美國經濟評議會（The Conference Board）發現，二〇二〇年羅素三千指數（Russell 3000）涵蓋的公司當中，有三三%的新任的執行長是外部人士，而在標普五百指數（S&P 500）當中，這個比例則是二五%[5]。**來自內部的「局內人」執行長**，也可能**會改變公司的方向**，但**通常是在他們與前任執行長的職能背景不同時比較會發生**（舉例來說，假設晉升的是財務長或營運長，可能代表該公司想提升效率；若晉升的是行銷長，則可能是想主攻行銷和產品創新）。

我們的調查顯示，新任的企業領導者在一〇%的情況下，會希望改變業務部門的策略方向，而新任的業務部門主管則在九%的情況下會發起改革。這很容易讓人聯想起第一章中的步驟三，因為事實確實就是如此！鎖定新任領導者及其背景經歷，然後評估這對即將發生的方向變動有何影響。調查結果支持先前的理論，也就是要關注競爭對手的高階領導層：在七三%的情況下，會由執行長或營運長授權尋找新策略；在八%的情況中，做出授權的是其他最高管理層的主管；另外有十一%的受訪者表示，尋找新方案的指示來自於業務單位主管。

總而言之，尋找新策略的指示，有九二%是來自最高管理層或部門主管（且絕大多數是執行長或營運長）。我想現在你知道應該要關注誰了：是競爭對手的高階主管群。如果他們開始談論改變戰略，或是員工的位階變動率很高，那你就知道他們即將調整方向了。

●績效好的公司才會主動尋找競爭優勢

當一家公司陷入困境，無法實現其財務和其他對策的績效目標時，大家自然會認為他們會質疑自己的策略。處境艱困時，若事情沒有朝正確的方向發展，改變似乎是必要的事。然而，在這件事情上，調查結果的指向並不一致。

有二九％的受訪者表示，業務部門改變方向，是因為先前的做法沒有奏效，所以公司需要一個新的方向來達成目標，這是最常見的理由（大約有一〇％的參與者回答了這個問題，因為他們當時確實採取了新的策略方向）。另一方面，在所有參與調查的受訪者中（包括那些繼續朝著同一方向前進，或方案僅稍有不同的人），有三〇％的受訪者表示他們在財務目標上表現不佳，三分之一的人達成了財務面的目標，另外三分之一的人則在考慮新策略之前就已超額達標了（另外有三％的人回答「不知道」）。在超額達標的受訪者當中，有超過七成的人表示，他們的表現比原訂目標至少高出五％，這是非常好的表現！

正如大家預期的，那些回報先前做法無效的人，也說他們的財務目標表現不佳；而那些表現明顯優於其他企業的人，則說他們的對策已經達到目的了。在所有績效層級中，執行長或營運長最常被認為是開口推動改變的人（有六一％到八三％的受訪者如此表示），不過如果部門主管接收到的任務，是領導團隊尋找新的方向，那麼最有可能的情況是，公司當下的表現不佳（有近二〇％的人表示公司表現不佳；只有九％的人表示公司表現出色）。

為什麼會這樣？最好的解釋是，表現最優秀的企業，有充裕的時間來考慮公司整體的重大策略轉變，而那些陷入困境的企業，則比較可能指望由部門主管來扭轉局面。面臨挑戰的公司會改變方向，看似是顯而易見的事情，但他們可能忙於救火，想阻止事態完全崩潰，以至於沒有時間或空間來思考對策。這些企業是被動反應，而不是主動進攻。

這些結果的另一個潛在驅動因素，是表現出眾的企業擁有目前的競爭優勢，可以創造這些卓越的表現，而且還在積極尋找下一個競爭優勢，以保持領先地位。我們詢問受訪者，誘發策略改變方向的因素為何，答案包含當下出現的機會、團隊積極尋找的結果，或因面臨挑戰而須作出回應。表現最佳的企業比較可能去回應眼前的機會（表現佳的企業做出此一選擇的比率是四三％，表現差的則是三一％），且更有可能積極尋找機會（表現佳的是三四％，表現差的則是二六％）；表現不佳的企業則比較可能會回應挑戰（比率是三八％，而表現佳的是二二％）。當你處於領先地位時，就有空間尋找新的選項，或注意到出現在眼前的機會。

●外在市場變化、公司組織調整，都會影響對手行動

要判斷你的競爭對手是否已經準備好改變，最後一個要考慮的因素，是目前是否出現任何「迫使」他們重新調整策略的誘因。外部的誘因包括：

1. 監管政策轉變，開啟了以前被封鎖的新市場。
2. 顧客偏好轉變，使得競爭對手的產品更受歡迎。

3. 使用新技術，將其服務與現有產品或服務連接在一起。
4. 地緣政治條件的變化。

最後一個例子顯示，這些外在刺激可以是正面，也可能是負面的。例如，某國開放進口，讓企業有機會開始向該國銷售產品或服務；或者某國決定對某些貿易夥伴國實施新的管制，如此一來，貿易夥伴國內的企業可能會決定改變策略，將更多生產線外包出去，以避開這些限制。

同樣的，顧客的喜好變化可能也會讓他們不再喜歡對方的產品，技術革新可能會使對方的解決方案過時，或者其他監管政策可能也會產生阻力。我們的調查顯示，有一七%的受訪者認為，外部條件變化導致他們原有做法成效不彰，因此有必要改變；也有一二%的受訪者表示，不斷變化的外在條件，為他們創造出更好的方向機會。

這些外部刺激應該相對容易追蹤，因為你的公司也需要了解相同的影響。如果技術面、顧客端或政治面發生變化，也可能會影響到你。你應該已經在注意這些外在刺激了，但他們可能會對你的競爭對手產生更大的影響。如果他們有關注這些外在問題，隨之而來的衝擊可能讓他們有了改變的動力。

接著來看內部刺激，這其實比較難追蹤。刺激企業尋求新方案的內部因素，可能是新收購案的整合。收購案本身可能也是公司決定進行的方向調整（無論是要對你們公司的舉動做出反應，還是自發性的收購），而且一旦交易完成，困難的整合工作就開始了。此次收購可能純粹是為了財務收益，但也可能具有策略要素：透過兩個組織合併綜效，來幫助降低成本或帶來額外收入。為了尋求和利用綜效而出現的內部刺激，會有明確的先兆，而且是你可以觀察到的徵兆（因為這通常會是交易公告中談及的併購理由）。

其他可能的內部刺激（除了我們上面討論過的領導層變動之外），還包括已經解決的法律訴訟（例如專利訴訟）、新的合資計畫或財務結構的變化（例如公司債務在資本中的所占比變化）。追蹤這些重大內部刺激的方法之一，是關注對方的新聞稿，或是他們向監管機關提交的文件，尤其是上市公司。從對方必須呈報的重大變化中，可能可以看出潛在的方向轉變。

追蹤你的競爭對手，看他們內部是否出現需要重新評估對策的因素，他們的表現是否有利於改變，或者是否有外部刺激出現，這些都會讓你更能掌握，情勢是否有利於對手尋求新的對策。這些狀況可能會讓對方想尋找新策略（因為他們有充裕的時間）或對機會、挑戰等做出反應（因為受到內部或外部刺激）。

在我們的調查中，發現二九%的受訪者表示他們積極尋找新策略，四一%的受訪者對機會做出回應，二七%的受訪者則回應了他們面對的挑戰。雖然這些結果看似在三個選項之間相對平均的分布，但我們可以如此解讀：企業有三分之二的時間在制定新策略，藉此應對環境中的正、反面刺激。如同上面強調的，你可以經常追蹤這些事件，這樣一來，在上述事件誘發競爭對手採取新的行動時，就不會太過驚訝了。

問題二：採取全新策略或僅補強原有方向？

為了弄清楚競爭對手可能採取哪個方向，可以再次利用這份調查，它能幫我們解決的首要問題之一，是預測新方向將和過往有多不同。我們很自然會認為，對手正在進行一項方向一百八十度大轉變的全新計畫，會徹底甩掉對方所有的競爭者，將他們遠遠甩在身後。但當我們要求受訪者，針對所採取的新方向做性質上的分類時，八五％的人表示，新方案是進一步補充當前做法得來的結果！

多數情況下，競爭者優異的新方案並不會取代現有方向，而是會讓兩者並存。這點很重要，且原因有二。首先，這意味著他們不會完全專注在新想法上，通常可能不會是「拿公司前景當賭注」的行為。其次，這代表新舊策略可能在某種程度上保持一致，這樣我們就更能預測他們的發展方向。

受訪者多半同意第二個觀點：六一％的受訪者表示，新方案與業務部門前三年的發展方向一致；另外三四％的人表示，他們走了不同的方向，但並非完全逆行；只有四％的人表示，新方案全面扭轉了公司過去的方向。競爭對手並沒有來回折返，他們最糟糕的情況頂多就是側風而行（就像上述游移不定與左右開弓的研究），或僅是繼續順風前進。

如果新策略並不是現有方向的延續，你可以問自己一些問題，以便評估對手可能採取的路徑。這些問題與前幾章提出的問題類似，但重點略有不同。

● 過往成功經驗可能再來一次

與第一章的步驟三類似，你要了解競爭對手的決策者是誰。最常見的是執行長或營運長，許多公司在網站上都有這些高層人員的詳細資料。蒐集他們曾做過的決策資訊：在先前職位上執行或管理過哪些策略？如果過往的做法成功，他們可能會強烈考慮再次使用這些方案。（畢竟那些計畫之所以奏效，就是因為這位高階主管有能耐！[6]回想一下第三章的調查結果：競爭對手會再次使用先前曾經奏效的選項。即使不成功，他仍有可能再試一次，因為失敗一定不是他們個人的問題。）

● 選項不會太多，也不可能完美

考慮的選項越多，就越難決定要選哪一個。無論是要對機會或挑戰做出回應，還是主動出擊，大約在五〇%的情況中，競爭對手在選擇策略時，會投入資源來評估其中一、兩個選項；在應對機會或挑戰時，大約有八%的情況會評估四個以上的選項；而在想主動追求新策略時，這一比例會躍升至一四%。

這些數字應該有其意義：公司不必花費大量時間評估數十個不同的想法，只要深入探討其中幾個即可。如果他們花時間和資源來分析更多選項，可能就會來不及利用新出現的機會，或是很快就會對所面臨的挑戰感到措手不及。即使是主動搜尋也可能導致「分析癱瘓」（paralysis by analysis），不過如果沒有外部刺激帶來的壓力，確實可以讓公司有更多機會廣泛撒網尋找想法。

正如我們在競爭反應中看到的，企業並不會去研究理論上可行、但為數過多的選項。即使公司主動制定新策略，高階主管也需要對執行長或董事會負責，這兩者都不會慢慢等待一個「完美」的解決方案出現。正如我們將在下一節看到的，執行對策的時機會帶來一些壓力，因而影響到一小部分的選項。

●市場環境會影響新策略的方向

影響潛在策略方向的最後一個因素，來自外部環境。顧客想要的產品或服務類型是不是正在改變？某些地區是否創造了新的機會或挑戰？有沒有哪些特定的客戶群改變了購買模式和習慣，因而成為競爭對手可能追求的分眾市場？這些因素對競爭者的影響可能有好有壞（好的可能是找到顯見的關注方向，壞的則是讓他們想要遠離和避開）。

在考慮這些環境線索時，問問自己，新的焦點會不會強化競爭對手曾經採行的模式，或是促使他們改變常做的選擇。還是一樣，請分別以整個組織和實際決策者為面向，來回答這些問題。（如果決策者不明，則以執行長或業務部門的主管取而代之。）如果這些環境因素強化了他們選擇過往做法的可能，那他們考慮追求這些機會的機率就會增加（熟悉的選項總是很誘人）。

但如果你的對手需要改變營運方式，或邁入以往沒做過的領域，則會最後才考慮這種選項。這並不能說明對方會不會選擇這些選項（這是下一節的主題），但如果他們只會考慮其中的一、兩個，且在其分眾市場中，出現了兩個符合其歷史模式的明顯選擇，那應該會最優先考慮這兩個選項。

問題三：新策略規模有多大？執行有多快？

上一章談到預測競爭對手的反應，並將重點放在決策目標上，而這一章的建議則會略有不同。當你在思考對手會選擇哪個選項時，考慮他們的目標很重要，但從某種意義上來說，在規畫自發性的對策時（不是針對競爭者行為所採取的反應），可能也得使用相同或相似的評估標準。多數情況下，競爭對手會關注利潤等長期指標（但並非總是如此，所以請再次尋找歷史模式：如果他們總是以市占率為主要目標，那麼請將市占率用作評估指標）。在這樣的情況下，我們會將重點放在對手做決定的四個面向。

●超過九成公司花半年以上尋找新方向

首先要考慮的一點是，他們何時可能採取行動。這會在接下來的幾週內發生嗎？若是如此，你就會追趕得很辛苦。又或者他們會花幾個月的時間來執行？如此一來，你就可以開始準備一些總體計畫，一旦確定他們的策略形式，就可以根據需求來改良你的計畫。

關於時機，有四個重要的子面向需要考慮，每個面向我們都有調查結果佐證。第一個是何時規畫，第二個是從開始尋找到做出決定的時間有多長，第三個是從決定到執行需要多長時間，第四個是執行過程。

1. 何時制定計畫。許多公司都會進行年度策略規畫，有固定流程有其優點，但堅持用同一套卻有很多缺點（有其他書籍專門討論這個主題，因此這裡我們不再進一步深究）[7]。不過就我們的目的而言，我們會想知道，對方公司全新、自發性的戰略轉變，通常是在年度會議中討論，還是由特設委員會規畫。

調查發現，在五四%的情況下，企業會以年度策略規畫為主，而在三二%的情況中，是在原訂規畫流程以外的時間臨時調整。這個比例幾乎是二比一，大多數公司都會在會計年度後期安排規畫工作（以制定下一個財政年度的預算），在接近競爭對手要規畫策略的時間點時，你就可以開始思考，他們會不會因為感受到壓力而做出改變。

擅長數學的人會發現，我們只公開了八六%的回覆內容，其實還有另外一〇%的受訪者表示，他們的新策略是臨時制定的，因為公司沒有年度規畫流程。我選擇不將這些人與上述三二%的受訪者混為一談，因為這一〇%的受訪者正在遵循「正常」程序來評估自己的策略。他們不會在固定的時間點規畫流程，但若要定期討論，對他們來說也可行。我們應該再套用另一層濾鏡來檢視這些競爭者：他們做出改變的週期一般是多久？如果都是每三年做一次變革，那麼請將第三年視為他們可能制定下一步行動的時間點。

2. 找到正確的策略需要多久。有時會感覺，競爭對手一夜之間就制定了新策略，但這通常是因為我們沒有注意到，他們在過程中發出的線索和信號。如果我們更密切的追蹤，其實早就會發現**對方有正在規畫新事物的跡象**了。但我們有多少時間可以蒐集這些線索？根據調查，**會有六個月到一年的時間來蒐集資訊**。

在四百四十名積極尋找公司新方向（而不是回應機會或挑戰）的受訪者中，只有三％的人在決定下一個策略之前，只花了不到一個月的時間搜尋情報。幾乎有半數的受訪者花了長達六個月的時間，而另外二六％的受訪者則花了七到十二個月。六分之一的人甚至表示，他們花了超過一整年的時間才決定下一步該做什麼。最重要的是，你有機會弄清楚競爭對手即將做出什麼決定，因為如果你有留意對方的話，確實有時間可以蒐集足夠的相關線索。

3. 執行策略需要多久。即使競爭對手需要幾個月的時間才能做出決定（這點有其道理，因為新的轉變通常是策略規畫流程的一部分），但他們實際執行時，仍可能會讓你感到驚訝，例如，他們可能迅速獲得相對高額的市占率，讓你沒時間做出反應。不過，調查數據告訴我們，如果有留意對方的話，你確實會有時間追蹤他們正在做些什麼！

在做出決定後，有三一％的受訪者花了六個月到一年的時間來執行該計畫，不管是在應對機會或挑戰，還是積極尋找新方向都一樣；另外有三一％的人表示，他們需要一到五年的時間來執行所做出的決定；還有一％的人甚至說，他們花了超過五年的時間。而短期的部分，則大約有八分之一的人表示，他們在做出決定後的三個月內就施行了。（專業服務供應商和金融機構在三個月內執行策略的頻率，高於高科技和製造業。不過有趣的是，最常說自己花了五年多的時間才落實的產業，也是金融服務業。因此，金融業者的施行能力差異似乎很大。）

4. 將如何施行該策略。要預測競爭對手的方向轉變，並在他們影響到你的組織之前，有充足的時間準備應對措施，最後一個變數，是要確定他們會用什麼方法來啟動新計畫。如果對手將在全國（或全球）同步推出新計畫，你將很難做出回應。然而，如果他們逐步推出，透過市場測試和跨地區推廣來慢慢測試想法，你就會有更多時間來驗證，對他們新方向的分析是否正確，以及該評估與他們的行動是否吻合。

總體而言，調查顯示全面投入市場並不是首選之舉，雖然這是第二高票的選項（有二三％的受訪者選擇），但與其他六六％的受訪者慢慢推出新方案相比，這個做法仍然相形見絀。如果你沒有關注競爭對手，也沒有評估他們可能會做什麼，這些逐步推行策略的舉動可能會讓你感到驚訝；但如果你正在追蹤他們可能出現的舉動，就不會覺得受到威脅，他們的舉動也不會讓人感覺突然。

有三四％的受訪者表示，他們在各個分眾市場穩定且逐步的推出新方案，一五％的受訪者在各分眾市場進行了小規模市場測試，一四％的受訪者在推出前，即向整個潛在市場公開了新計畫。有趣的是，有三％的受訪者做了小型市場測試後，退出市場以分析結果，然後再重新進行測試，以獲得進一步的資訊。

上列任何一種新策略的施行方式，都會讓你有時間認識和評估會對自己產生何種影響。你可以嘗試依賴第三方發布的報告，但相關消息發布時可能已為時已晚。保證能留意到這些行動的最好方法，是打造強大的競品分析部門，追蹤這一類的競爭行為，這將是第七章要探討的主題。

有一個需要考慮的小提醒：你應該問問自己，所預期的競爭行為能成功的範圍是否很小（例如出於即將發生的監管變化、即將到來的選舉、潛在的收購案）。如果是這樣，你需要評估這是不是代表競爭對手可能不會考慮採取這一方案（因為機率太低了），或必須冒險嘗試。若得冒險，那麼他們的轉向會比你預期的還來得更快。

●從現有預算撥出資金，是常態

影響競爭對手最終決定的第二個面向，是新對策的潛在規模。當你開始縮小範圍，並更聚焦在對方可能選擇的潛在方案時，問問自己，那些方案需要投入的資金規模有多大。這是對他們現有資產和資源的增額投資，還是需要打造全新的基礎來完成？你的估計不必非常具體，只需能和他們的基本財務狀況比較即可。該計畫相對於公司的年收入，占了多少比例？與他們的市值相比又占了多少？這將如何改變他們的未償債務結構？（你甚至可以比較短期債務與長期債務，並選擇與對方新策略執行時間長度相符的債務選項。）如果這些占比看起來很高，而且與他們過去的一些方案規模相比尤為如此，這時你更要質疑，自己預測出來的方向是否會為他們所選用。

我們的調查也可以稍微說明，企業透支預算以求轉變策略的頻率——換句話說，就是他們「賭上一切」來施行新法的頻率。

有三四％的受訪者表示，執行新計畫時，最常見的資金來源，是在做出相關決定時所分配的預算。這種預算分配是在正常策略規畫流程中進行的。回想一下上面的內容：在規畫過程中，有略多於一半的時間會產生想要尋找新想法的念頭。

跑過一次正式的流程，並不代表一定會分配到所需的預算，但從這個方向開始推估會是很好的做法：如果他們正在試著規畫策略，便可能會分配一定的預算給這個方案。**查看對手公司先前的公告，了解他們通常會在哪些活動上花多少錢**（如行銷或資本預算），然後**把這些公開的預算資訊當成他們可以分配給那些活動的上限**。

另外二六％的受訪者表示，一旦做出決定，就能從現有預算中撥出資金。結合上面的第一項結果，我們可以得知，有超過半數的比例，企業是從現有預算中分配資金給新方案。

只有二七％的高階主管表示，他們會提高原本的預算額度來執行新計畫，換句話說，只有大約四分之一的狀況下，企業會尋求額外資金來實行新方向。然而，大型策略賭注通常都是在現有的財務結構下進行，這才是常態。

我們往往認為，如果淨現值大於門檻報酬率（專案要獲得批准所需的最低報酬率），企業就可以從市場籌集資金來支付專案開銷，但我們的調查顯示，這不是公司一貫的心態。請記住，本調查著眼於，業務部門在過去五年內執行過的最大型計畫——這是重大的方向改變，而不是小型的補強措施。如果這些計畫符合公司的門檻報酬率，就有理由籌集相關資金，然而，我們發現企業更有可能堅持使用現有的資金來源。事實上，有六％的受訪者表示，公司會延後重大新策略的實行計畫，直到下個能分配資金的預算週期。這些公司一直等到能夠將新策略納入原訂的規畫流程時，才開始執行新的方向！

即使企業想改變方向，它們仍堅持現有的流程和程序，這代表多數公司可能有風險規避的心理。這是我們要探索的第三個面向。

●最普遍的風險承受度是三年內回收資金

先前我們已經評估過財務對競爭者的影響，現在要思考固有風險這個可能的影響因素，以及對手的承受程度。一如既往，請確保你是從對方的角度來看待，而不是你自己組織的風險偏好。

例如，假設你認為對手要抓住印度零售消費品的成長機會，最佳策略是建立多通路的經銷架構，而對方已經在中國、印尼和東南亞建立了類似的經銷體系，那麼延伸到印度就不是一件太有風險的事，特別是與另一家僅在西歐開展業務的公司相比時，更是如此。

與現狀差異程度越大（例如客戶群、地理位置、營運架構、所需能力、政治或監管流程），競爭對手面臨的風險就越大（除了我們上面討論的財務風險之外）。請檢視對手先前因為推出策略性計畫，而承擔過什麼樣的風險。這些計畫是否謹守既定路線，還是有跨足到相近的領域？他們跨入的新領域與核心業務之間，有沒有密切的關係？請評估業務部門和對方領導層的風險偏好，尤其是風險來自另一個領域時。其他產業是否有更多敢冒險的企業？領導者之前的公司是否被認為是保守的組織？

該計畫的投資回收期長短，是衡量對策潛在風險的一種做法。一個計畫的投資回收期越長，得不到回報的風險就越大。雖然很難評估對手特定的行動何時會產生實際回報，但可以粗略的計算一下，如果由你進行這項投資，要多久才可以回收資金。（再根據競爭對手與你們組織的差異來調整變數，例如雙方擁有的不同資源、資產和能力。）

我們的調查可以證明，企業策略性行為的風險，有多少是基於預期回報而產生的。請記住，我們針對的是業務部門在過去五年內所做出的最大型對策，因此這些不是小型而無風險的事項。有四二％的受訪者表示，投資回收期若為一到三年，可以視為中度風險的投資；一七％的受訪者預計，投資回收期為六至十二個月；五％的受訪者預期投資回收期不到六個月。總體而言，有近三分之二的受訪者期望，能在三年內回收他們為最大計畫投下的資金。在風險較高的方案中，二一％的人預計在三到五年內獲得回報，而九％的人預計要五年以上才能回收初始投資的資金。

●從對手的一貫作風預測可能方案

評估競爭對手的潛在選擇時，要考慮的最後一個面向，是他們是否傾向採取一貫的行動風格。正如我們在第一章中討論的那樣，高階領導者往往會仰賴有助於晉升至目前職位的習慣和工作模式。企業內部也存在類似的趨勢：公司傾向於強化某些職能，進而僱用具有這些領域專長的高階主管，從而導致公司更加聚焦於這些職能領域。思考一下你的競爭對手，以及他們潛在策略負責人的一貫作風為何。

在調查中，我們詢問了受訪者選擇的計畫性質為何。將近三分之一的受訪者（三一％）表示是重大產品創新（向分眾市場推出新產品或服務，或調整現有產品），第二是進入新市場，有二二％，接著是合併或收購（一五％）、產能增減（一五％）、價格調整（六％）和資產分割（四％）。

這種差異並不意外，但在這些一般的結果之外，仍存在著一些有趣的產業偏差。**商業服務供應商較有可能專注於新產品創新和市場進入**，而不是併購；**金融服務業**不太會嘗試產品創新（金融業者經常互相抄襲），但**比較有可能會進入新市場或進行公司交易**（尤其是資產分割）。**高科技和電信產業最有可能創新產品**，且最不可能進行產能轉移（可能是因為目前已經以外包方式在運作了），且和其他產業相比，它們進行併購的可能性較高。最後，**製造業**的受訪者表示，他們進行創新的可能性較低，參與併購的可能性略高，但**最有可能做價格調整**。

整體而言，各產業往往會有一套既定的模式，而我們知道高階主管也是如此。利用這些過往的習慣來評估對手可能會選擇哪些潛在方案。

當你試圖評估競爭者會如何選擇時，請記得考量他們行動的速度有多快、需要多大筆的資金、每項行動的潛在風險是什麼，以及參考過往行為模式時，哪種選擇較有可能雀屏中選。你不用特別為每個可能性列出百分比，太過精確反而很難證明其合理性，而且只會讓大家的注意力過度集中在可能性最高的那一項。相反的，你應該以各種不同的標準來排序，並檢視排名第一最多的是哪一項。請記住，這仍然只是基本指南。當你觀察競爭對手的行為，並蒐集更多資訊後，請更新預期排名，看看能否驗證原始分析，或是需將注意力轉移到他們其他的競爭行動上。

最後提醒：特別小心新創與私人企業

第一個總體建議如下：不用對所有競爭對手都執行這套分析！這是一個選擇的過程，只要針對最常讓你感到「出乎意料」，或是對方的方向轉變對你營運影響最大的對手，定期應用這些步驟即可。請鎖定你有追蹤對方可能行動的初始競爭者名單。

本章節中的框架，應該不需花好幾週的時間就能建立，你可以從團隊內的腦力激盪會議開始，一起思考這些問題，並以初始競爭者名單來帶領討論，思考這會帶領你的企業走向哪個方向。然後，你可以決定要投入更多時間在哪些對手，建立更深入的檔案資料，以了解他們可能會啟動哪些策略，或是否要增加入更多要分析的競爭者。

我們的目標不是要詳盡無遺的搜索，而是要降低因為主要競爭者做出「出人意料」的事而措手不及的機率。以更高層級的評估方式來檢視對手可能採取的行動，以及那些行動對自己公司的重要性，能讓你即時接收到對方可能採取哪些作為。每季更新一次此項練習，若是你的產業步調很快，那就更頻繁的執行（例如每月），藉此調整需將注意力集中在什麼地方。

更有系統的執行此流程，還有另一個好處，便是可以讓你的組織找到新的靈感來源。思考對手可能會做什麼，以及為什麼對他們有意義之後，可能會讓你想問：「為什麼我們自己不能那樣做？」我們將在第六章討論黑帽子和商戰遊戲演練時，再進一步探討，但請記住，你在腦力激盪分析對手時，可能會剛好從中找到你們公司可以嘗試的有趣想法，請不要忽視那些靈感。

正如我們在第二章中說過的，有兩種競爭對手可能需要在本章節中進行更細節的討論，首先是創業者。從某種意義上來說，思考創業者的對策方式，與我們在第二章裡探討過的做法相同。新創公司在剛成立的初期，很少會大幅調整方向。他們會在面臨市場壓力時調整戰略，但不太可能打造另一款全新的產品，或在第一個產品站穩腳步之前就進入新的地區和市場。弄清楚創業者的策略思維（我們在第二章已經仔細討論過），就足以為自己做好定位，便不會對他們的選擇感到驚訝。

對於創業者來說，考慮現有企業的做法也至關重要。在史蒂夫・凱斯（Steve Case）的著作《第三波數位革命》（*The Third Wave*）中，有一段精彩的言論：

> 儘管美國最大網路服務公司「美國線上」（AOL）相當成功，但大家總覺得新的技術即將出現，會有強勁的新對手對他們發動猛烈攻擊。之前的確出現過一些新創公司，我們也一直關注它們，但我們大部分的擔憂都聚焦在該領域的大公司所做的行動上。世界上有幾間規模最大、資本最雄厚的公司，包括奇異（General Electric）、微軟（Microsoft）和AT&T，他們都打算進入這個市場，我們也擔心如果他們以壓倒性的力量進攻，我們可能就會被打敗[8]。

第二種需要多加思考的競爭者是私人企業，尤其是之前討論過的私募股權企業和家族企業，最大的挑戰是獲得這些企業所有權人的財務資訊，並確定他們是否認為變革的時機已然成熟。

私募股權公司的所有權人，通常會為其投資組合內的各個公司和基金做出同一套決策，因此，請檢視這家私募股權公司是否都會對旗下公司進行多次、定期的方向調整，或是否傾向收購公司後，安排新的經理人以改變整體方向，然後執行新計畫。如果是第二種做法，那你就不用太擔心對方的策略會在中途改變。

而對家族企業來說，策略變動往往伴隨著領導層的人事變化：下一代接手公司，並希望留下自己的印記。只要公司經營狀況良好，且領導層沒有變動，那你就不太需要擔心家族企業會自發性的改變做法。

我們的調查無法區分受訪者來自私募股權公司，還是家族企業，但可以知道是上市公司或私人企業（或非營利組織）。當被問及業務部門為何改變方向時，私人企業與上市公司相比，比較不會給出「該策略並未實現公司目標」這個答案，也不太會因為業務部門主管換人而改變。他們轉向的原因，比較常是因為先前的計畫已經完成、外部環境的變化帶來了新機會，或者新的領導層希望改變企業方向。

該調查還揭示了，私人企業的策略和營運面之間有什麼影響。他們比較不會使用標準的規畫流程來制定新策略（只有五〇％會使用，而上市公司使用標準策略規畫流程的比例則為五七％），且因為沒有正式的流程，所以更有可能是臨時決定（臨時決定和正式流程的使用比例分別為一三%和八%）。不過，你還是可以評估私人企業在面對風險和職能變動時，會有什麼既定的操作模式。對於私募股權公司，則可以評估他們過往如何轉變其投資組合中的公司。

對於電影故事有多少種基本架構，大家的意見都不同，從三種[9]、七種[10]甚至到三十六種[11]都有。無論正確的數字為何，好萊塢的電影公司同時推出相同主題、地點或角色的電影，未來還是很可能會持續發生。任何產業也都是如此，競爭對手總是有可能突然改用新策略，來挑戰你的組織，或讓你的計畫陷入混亂。但只要從本章的幾個面向來檢視，就能評估他們是否正準備轉變方向，以及可能採取的行動為何。

遵循這一套流程，能讓你更有機會成為下一次賣座電影的唯一發行公司，不會有人同時推出類似的作品，你也不用再去模仿競爭者明星級吸睛能力的做法。

第二部

競爭對手心態分析

第五章

跟考古學家學：
找出規律再推翻

大多數人想到考古遺址時，會想到龐貝古城、圖坦卡門陵墓或電影《法櫃奇兵》（*Raiders of the Lost Ark*）。這幾個都是保存完好的例子，但考古學家很少有機會找到這種「整個社會凝結在日常生活中某個時刻」的遺址，也很少看到一整組在墳墓填封時，與死者一起入土安葬的完整陪葬品。相反的，這些考古獵人往往需要從陶器或雕像的殘留碎片、燒焦的食物殘骸，和成堆埋藏的垃圾中，拼湊出古代人如何生活、當時的社會如何運作的最佳解釋。

研究人員難以重新想像的，不僅僅是古代的人類社會，其他生物的生活方式亦是如此。禽龍（Iguanodon）是最早被命名的恐龍之一，也是第二個從地底下挖掘出來的物種。儘管牠很早就被認為是一種著名、具開創意義的生物化石，但古生物學家仍在持續研究牠，特別是在發現更多其他化石之後。

科學家後來發現，最初挖到的禽龍標本，其實是由四種不同恐龍的殘骸共同組成，而這也導致早期的研究人員，誤以為牠是一種長達一百英尺（按：約三〇．五公尺）的大怪物。此外，在其他骨頭化石中發現的獨特尖刺，原本被認為是禽龍臉部的部分構造（一種防禦性的角狀附屬物），但古生物學家後來發現，那其實是禽龍前肢的一部分，功能類似於生長在其他手指對側的拇指，可以像匕首一樣用來攻擊掠食者。

早期發現的恐龍，須經過陸續修正才得以揭祕其身世，這是因為後來出土的資料揭開了更多古代奧祕，而禽龍並不是唯一案例。巨龍（Megalosaurus）是第一個出土的恐龍，牠以兩條腿行走，但是古生物學家最初以為牠是以四足並行。這個初期認定，使他們認為巨龍是一種移動緩慢且笨拙的動物，但隨後的研究揭示了它的雙足姿態，以及腳步非常靈活快速的事實。

這就是考古學和古生物學的本質：新的資料和訊息總是會推導出新的結果，化石紀錄和古代文明遺骸不夠完整，也加劇了這種混亂的情形。你最近一次去自然史博物館時看到的恐龍骨骼，有些部分是石膏製成的複製品，有些則是對失蹤的骨架所進行的「最接近的推測」。除了面對資料和證據不完整的挑戰，古生物學家和考古學家還會面臨另一個問題，即他們無法直接向正在研究的對象提出疑問，因為恐龍已經滅絕，同樣也無法與生活在古文明社會的人交談。

但古生物學家和考古學家並不孤單，同樣的限制也發生在其他專業人士身上，包括偵辦凶殺案的刑警，和新生兒加護病房的護理師。新生兒加護病房的護理師無時無刻不在與新生兒交談，但他們不會得到有意義的回應，無法得知嬰兒的疼痛程度是在一到十之間的哪個等級。看似有意義的回應常常代表完全不同的事情，例如家長往往認為，新生兒會微笑代表他們很開心，且與家長有情感上的交流，但實際上並非如此，新生兒加護病房的護理師都知道，嬰兒微笑代表有脹氣現象。

競品分析師和這些專業人士面臨了相同的限制：你無法直接與競爭對手交談，詢問他們為什麼採取特定方案，或計畫在未來採取什麼行動。我們在前幾章討論過的框架，也面臨著與其他專業人士相同的挑戰：（與競爭者業務相關的）資料不完整，而且無法直接詢問對方的動機。

我採訪了這四個領域的二十幾名專業人士，並將他們的見解綜合起來，為商業戰略人士提供建議[1]。你不需要知道如何評估新生兒是否有腎臟問題，或如何用碳定年法（carbon-date）來判斷出土物中，燒焦的有機遺骸的年代。你不需要了解如何處理犯罪現場，並維護出庭需要的證物監管鏈（按：chain of custody，證物從蒐集、保存、運送、鑑定到送至法庭的交接、移轉過程），當然也不需要挖掘層層岩石，來尋找雞與霸王龍的共同恐龍祖先。但你可以嘗試了解，這些專家如何看待眼前的分析內容及待解決的問題，如何建立正確的心態以免陷入特定的思維，以及為了更有效的蒐集和分析手邊資訊，所發展出來的訣竅和技巧。

從訪談中可以得出十個可用於競品分析的經驗教訓，有些與如何建立分析架構有關，例如第二部分中的框架；其他則與建立組織架構有關，這是第三部分其餘章節的主題。有位考古學家分享了他們領域內的一項核心挑戰，我想引用他的話來當做開場：「你無法了解古人是怎麼想的。」你可以知道他們做過些什麼（基於我們發現的殘留證據），也知道那些行為是受到當時的想法所影響，但我們永遠無法確切得知他們的思考過程和動機。這也是面對競爭對手時會出現的重大挑戰：我們永遠無法得知他們腦中究竟在想些什麼。但透過觀察對手做過些什麼（基於市場上的證據），知道他們的作為是受到目的所影響，我們就能試著預測，他們未來可能會做出什麼事來。

建議一：打造多元團隊，你答不出的，或許別人能解

從訪談中得出的最顯著成果之一，就是讓自己進入多元化團隊，幾乎所有的受訪者都一致

這麼認為。近期許多文章強調職場中多元、平等、共融的重要性，而這些價值也理所應當受到重視。不過最讓人訝異的，恐怕是這個研究結果並非當初做實驗的本意。我並不是想藉由提問來強調多元化的重要性，但是這個論點卻自然而然的浮現出來。其中特別重要的一點是，由不同背景、經歷和專業能力的成員來組成團隊，對於想挖掘出額外的關鍵資訊至關重要。

古生物學研究看似大部分時間都在挖掘地底下的化石，實際上這個專業早已跨領域與其他專家合作，這些專家專注於應用自己的技能，來研究曾經存活在地球上的生物。這些跨領域專家包括古生物化學家、物理學家、地球化學家、地質學家、數學家和建築學家等。物理學家協助分析生物行走時的衝擊力，如何影響腿骨結構和密度；建築學家幫忙建立恐龍模型；而地球化學家著手解決恐龍蛋化石的顏色之謎。

在現代動物之中，只有鳥類會產下有顏色的蛋（儘管不是所有鳥蛋都有顏色）。由於鳥類和恐龍有共同祖先，人們自然會好奇這兩種動物的蛋會不會有類似的顏色。不巧的是，蛋的顏色會在形成化石的過程中消失。不過，有顏色的鳥蛋會殘留一種化學物質，在古生物化學家的幫助下，一組古生物學家團隊在恐龍蛋化石中發現了相同的化學物質。然而，如果只是單純挖掘化石，就無法解出這個謎團。

不只科學家，新生兒加護病房的護理師同樣受惠於多元化的團隊。每位照顧新生兒的醫護人員都擁有不同的專業，能從不同角度解讀病歷。不論團隊是聚在一起或一同巡診，都會針對每個嬰兒的狀況進行報告，從各種面向了解嬰兒有沒有健康隱憂。在這樣的環境中，所有想法都會被接納，這也營造出了一個正向的環境，並且鼓勵團隊成員之間交流。

新生兒加護病房也設有多位護理協調員，各自負責幾名嬰兒，確保家長及醫療團隊內部資訊能夠清楚傳遞。新生兒加護病房的護理師也會與院內其他醫事人員（例如醫生、護理師、藥劑師、營養師）交流，有時甚至會聯繫其他城市的同事，取得醫療方面的建議，比方說關於孕婦接種新冠肺炎疫苗安不安全、是否有效等。

● 從不同領域、文化、性別找答案

一支考古團隊，人數多的話可以有十五到二十名專家參與，包括會講考古地點當地語言的專家，還有熟悉當地民情的隊員，必要時可以協助取得挖掘許可、提升當地族群的參與意願，也有擁有其他專業領域知識的成員，範圍從土壤、陶器、化學、冶金、動物遺骸、植物遺骸到陶瓷小雕像等。

研究人員與其他考古地點的團隊交流後發現，由於挖掘現場的需求會改變，因此考古專業的網路範圍很廣，只要牽涉到相關領域，不論是本國還是其他國家的團隊，這樣的網路都會不斷發展。想要盡快取得有用的資訊，特別考慮到在現場挖掘時間有限的情況下，擁有多元化專業團隊成員是不可或缺的。或許你答不出自己提出的問題，但是在某個地方，可能有其他人能夠解答。這也是為什麼考古學研究的學術論文，有時會有十幾名作者共同著作，原因就在於：每位作者都提供自己的見解，同時也對整體研究結論有獨到的貢獻。

舉例來說，有一位主要研究領域是小型陶瓷雕像的考古學家，有段時間正在研究一個鹿角製成的雕像，這種作品相當稀有，因為這類雕像通常是用陶土或骨頭製成。這個雕像的輪廓形狀很清晰，但實際用途還無法確定。研究團隊對於把鹿角當作材料感到困惑，因此查找了獵鹿的相關資料，並跟家鄉的獵人聊了一番。其中一位獵人提到，由於鹿體內的血液流動，使得鹿角摸起來溫溫熱熱的，因此某些文化認為鹿角具有神奇的魔力。研究者先前並不曉得這個文化特性，但這為用鹿角製成雕像的緣由，提供了重要的線索。

另一個多元性的面向，包括某些考古學家是以微觀角度進行研究，其他學者則採取宏觀視角。以微觀角度進行研究的考古學家，專注分析源自單一遺址的陶器，探索陶土、顏料和設計的細節。以宏觀視角進行研究的考古學家，則會概覽某個區域內的十五個遺址，試圖尋找有沒有符合各個遺址的特定規律，以及更深一層的關聯。兩種不同觀點，對於描繪出該文化的樣貌來說都至關重要。

不少考古學家以及古生物學家，提到了團隊中研究生所帶來的價值。儘管大家心裡明白，提供研究生培訓是某些大學的必要規定，但同時也體會到這些研究生確實帶來了不一樣的觀點，特別是在接觸新技術上。雖然研究生在專業領域上仍欠缺經驗，這卻也讓他們以嶄新的視角來看待並解讀事物。

最後想特別提一點，考古遺址遍布全球，而多年前創建出這些遺址的人們，不一定擁有同樣的世界觀。例如西方社會的思維，便與美洲原住民和第一民族（按：First Nation，為加拿大境內多個民族的通稱，指現今加拿大境內的北美洲原住民）部落大不相同，原住民相信岩石、樹木及空氣都有靈性，需要尊重以待。當受過西方教育的研究學者，試圖用自身觀點解讀其他文化時，有可能出現內隱偏見（inherent bias）。因此，在研究文化時不要從自身角度出發，而是要回歸當時社會脈絡的思維去解讀。

身為一名競品分析師，請從團隊中尋求多元觀點，包括來自策略專家、供應鏈專家、行銷人員，以及不同文化背景、性別的成員視角，找到一個足以串連所有觀點的答案。正如一名考古學家曾說過，知道所有不同觀點之間肯定有個共通的答案，這點相當重要——一定有某樣東西串連起一切，才能解釋過往社會所遺留下來的各種足跡。過去曾經發生過的實體事件中，存在著每個人表述的獨特論點，而這些實體事件，必然是由生活在同樣文化的所有個體，共同催生出來的產物。請利用你多元化的團隊，推敲出競爭對手行為背後的起因。

建議二：鎖定你想解答的問題，廣泛閱讀

想要有邏輯的解決問題，分成兩派思維。一派是用歸納法，蒐集大量資料後，找出能符合所有情境的最佳解方。另一派則是用演繹推理，先替你認為是正解的答案建立一套假設理論，再蒐集數據資料驗證假設是否成立。

面對各式各樣的問題，包括預測競爭對手的動向，要選用哪一種解決方式會是個難題。應該

要先蒐集對手大量的資料，再去推論哪個說法更能解釋對方的定價行為（使用歸納法）？抑或是先就對方的產品定價建立一套假說，再透過蒐集到的資料去驗證或推翻假說（使用演繹法）？不論是上述哪一種做法，你都要清楚當前探討的問題是定價模式，而不是產品創新或聯盟策略。同時，採用不同解決問題的做法，也會產生不同答案。如果你希望我告訴你「正解」，很抱歉要讓你失望了。不過我還是能分享一下，我從專門提供指導的人士身上觀察到的做法。

根據一些與我聊過的專家表示，一般來說，在他們專精的領域中，不論是建立及驗證假說，或是從蒐集到的資料研究歸納出正確結論，即使結論並不符合任何假設，兩派解決問題的方式各有擁護者。儘管大多數人傾向從假設出發，也有許多人表示，最後的情況會是在歸納與演繹之間來回。

提出一個假說後蒐集資料，如果資料支持你的假說，就繼續挖掘更多；如果無法支持假設，也不要從頭開始，而是在這份資料中，找出能幫助建立下個假說的新發現，然後持續蒐集更多資料並反覆迭代。過程中的關鍵在於，你心中必須隨時隨地都想著要解決的問題，有個嘗試理解的目標。即使是蒐集資料，也應該有清楚的目的，而不是漫無目的的執行，這麼做應該有助於發現一些你特別關注的問題。

考古學家會將解決問題的挑戰，分成提出小問題及大問題，這與剛剛提到的微觀和宏觀視角有點類似。舉例來說，為什麼頭骨被砍掉後要留在洞穴裡？為什麼要在洞穴牆壁上作畫，還把這些畫像藏在洞穴深處？這些都是比較小型的問題，可以協助我們理解個人所做出的選擇，甚至是整體文化故事中的獨特面向。大問題則會更加系統化，像是一個文化為什麼會從採集捕獵轉變為定居生活？這樣的文化變遷是因為氣候變化，還是人口增長？為什麼希臘殖民者會移居到義大利？最早的洞穴壁畫大多描繪動物，幾乎沒有出現人類的身影，這是為什麼？當時人們都在哪？

某些研究者偏好從小處著手，有些人則喜歡處理大問題。還有人將兩者結合，透過研究小細節推論建立感興趣的大主題，再回到小處去找出支持整個主題的答案。然而，也有一些人不在大小之間來來回回，他們會找到自己的專長並堅持下去。古生物學家也是各自側重問題的不同層面，有些人研究小問題，比方說特定地點的恐龍都吃哪些食物，或者牠們是否群居。另一群人則解決大問題，比如是什麼原因促使恐龍身上演化出羽毛。兩者並無優劣之分，要彼此相輔相成，綜合起來才能得出最終的結論。

●蒐集越多資料，就得隨之調整問題

在訪談中，常提到建立假設、搜尋資料、運用資料調整假設這套流程，而考古學家經常需要重新評估假設，頻率通常是每天，快一點甚至每小時。隨著挖掘越來越深入，會對物質如何層層沉積堆疊有新觀察和發現。挖掘得越深，訂好的計畫越有可能要隨之調整，就像是跟考古現場展開對話一樣，在挖掘遺址和蒐集資料的同時，聆聽那些跡證所訴說的故事。接著你便會問出新問題，並且重新修訂計畫。對挖掘現場的學生而言，這可能會讓他們很惱火，因為前一天才根據考古發現做出的假設，可能隔天發現新事證後就全盤推翻，變成另一套截然不同的假說！

曾經在一個考古現場，透地雷達沒有偵測到任何重要的物體，不過疑似探測到了一個模糊的信號，感覺跟之前挖掘出土的東西不大相同。這個物體體積不大，所以一開始大家並不特別感興趣，不過就在團隊把物體挖掘出土後，才發現這是一塊石階。這項發現十分重要，因為這塊石階讓團隊得以辨識出古建築物的所在地。下次團隊再看到雷達的信號，就不會覺得是機器異常而輕忽，反而知道可能是關鍵的提醒，因為很有可能會是另一塊石階。

在正式開挖前，考古學家會研究調查考古現場的背景，了解得越透徹，就能花費越少的時間在挖掘上，畢竟考古挖掘在研究中可是所費不貲的一環。他們也會跟當地人聊一聊，包括那些不是考古學家，或是對考古學感興趣但不一定有專業背景的人。考古學家會詢問他們，曾經在附近區域發現過哪些東西，以及曾經從當地居民那邊聽到什麼樣的故事。

廣泛閱讀對挑戰假設有很大的好處，不論是考古學還是其他領域。當讀到奇異集團的殞落，有位考古學家便從古代社會衰敗的角度，去解讀關於大型綜合企業、組織架構、管理文化以及經理人等議題。就像另一位考古學家所說的，別畫地自限，要跳脫傳統框架去思考。

對商業戰略家而言，記得要對競爭者抱持一個明確的問題，同時想辦法解決它。有些問題你可能有辦法回答，例如競爭對手的社群媒體操作，是如何影響他們未來產品組合的轉變？有些可能是個人難以評斷的問題，比方說對方的人資政策如何影響他們的員工滿意度？當你蒐集越多資料，就得隨之調整要問的問題，比如你有可能就會改問，對手擁有的網紅人脈，如何替他們新上市的美妝產品搶攻歐洲市場。當驗證或推翻假說時，便調整你對競爭對手的認知（belief），正如

第一章所提到的內容一樣。

建議三：系統化蒐集資料，但別急著要答案

競品分析師應該要從各種不同管道大量蒐集競爭對手的消息，不論消息來源是組織內部或是外部。想要獲得足以了解對手的資料會是個挑戰，然而，要在對的時機運用對的資料，創造出有辦法執行的方案，也絕對不是一件容易的事。競品情報分析人員通常沒有餘裕去查驗資料來源，因此從一開始就必須準確、全面的蒐集數據。湊巧的是，我和專家們交流時發現到，這也是他們花費多年想辦法更臻完美的過程（或許現階段可能還稱不上完美無瑕）。

第一條規則是建立一個可依循的流程，盡可能把所有細節完整記錄下來。正如和我聊過的那位刑警所言，雜亂無章的案件是很難偵破的。

古生物學家在進行田野調查時，會蒐集龐大的資料。一開始不必全部分析，但他們傾向先蒐集好，以備將來需要回答相關問題。由於要再次回到田野蒐集非常困難，如果人在現場而且可以取得資料，那就應該先蒐集起來。你永遠不會曉得，今天蒐集到的東西，明天會不會用上。為了幫助做到這點，在現場調查研究時，準備一份詳盡的清單，寫好要蒐集哪些資料，如此一來就不會在過程中分心疏忽。且這麼做還有一個額外好處，便是能夠釋放你的思緒，將心思放在切合研究主題的內容，而不會迷失在無關的細節中。

古生物學家也建議，對細節保持敏銳的觀察力，不要讓任何事物因為感覺太過枝微末節而被忽略。不是每個化石都像泰坦巨龍（Titanosaurus）的大腿骨那樣大，但每個倖存下來的化石碎片，都可能是拼湊謎題的一部分。舉例來說，曾經我有幸能到挖掘現場待一天，開工的前三十分鐘，我都在蒐集骨頭化石，因為化石碎片剛好從裸露出的三角龍顳骨鱗狀部往下滑落。正因為你找不到一個萬用的神奇證據，所以更要多多益善，蒐集多一點能夠佐證的東西。慢慢累積數據資料，會引導出重要的發現。

單一塊化石並不會有太重大的意義，而十塊化石推導出的發現，也有很大機率不是通則。但是，擁有數百個相互印證的證據，就能確實找出具有重要影響的微小差異。想做到這點要有耐心，即便在做田野調查也一樣。走路的時候留意周遭環境，停下來四處看看，把你的目光停留在看似毫不相關的事物上。假如匆忙行事，或許就正好錯過了一個重要的發現。

● 用對方式梳理數據，就能得出關鍵觀點

尋找正確的數據資料所面臨的另一個挑戰，是要找到其他人還未探索過的部分。K-Pg 邊界（中生代白堊紀與新生代古近紀之間的界線）是地球上銥元素含量高的地層，這塊地層之上沒有恐龍化石，這層以下才找得到，可見這是隕石撞擊導致恐龍滅絕的跡象，因為隕石中含有豐富的銥元素。古生物學家清楚這一點，因此往往會在接近 K-Pg 邊界的地方進行大量採集。這種過度取樣的行為，會使我們對於恐龍存在的「典型狀態」形成偏見。化石的形成需要漫長的時間，物

種也在不同時期交替出現，因此採樣的方式應該是在各個時期分散執行。

考古學中標準的做法，是利用照片和繪圖詳盡的記錄，這對未來串連其他考古學家的發現很有幫助。曾有一位考古學家發現了大量藍色物質，儘管不知道這些殘餘物代表了什麼意義，他還是把這些藍色碎片被分別開來，並保存在一個袋子裡。幾年後，當他發現有另一處遺址使用藍色蛋殼製作頭飾時，就能夠回去找到袋子，從與過去不同的角度重新檢視這些藍色碎片，不需要重新建立資料，因為手頭上的資料已經分類完成準備等待分析。

考古學家會藉由先探索遺址表面，善加利用花費在挖掘的時間。他們越是熟悉地勢、遺跡表面殘餘物、透地雷達影像、當地居民的歷史等，考古挖掘時的效率就越好。就像醫生在手術前會診斷患者，考古學家在動工挖掘之前，就會把預期有什麼發現繪製成圖表，內容越仔細越好。

考古學家無法保留所有挖掘出來的物品，這些物品通常要留存在當地國家。一位受訪者表示，他的同事在希臘一個遺址發現了大量陶瓷小雕像，但他們無法把這些雕像帶回國。因此他們拍下了照片，記錄如何發現雕像以及出土的位置，同時還用3D列印製作出複製品，以便攜帶回家研究。

相比平面照片和繪圖，實際觸摸到複製品能夠對文物有更深層的理解，當然前提是已經完成所有標準的測量、拍攝、繪圖、孟賽爾土壤色系表（Munsell soil color chart）比對（用來鑑定陶器的顏色）、莫氏硬度（Mohs hardness）測試，鑑定出文物的成分與結構、平面圖（記錄同一平面上的事物）和垂直圖（記錄不同深度）等。把所有蒐集到的數據都收入資料庫，用以分析散布於不同遺址的數千件文物，找出在其他情況下難以發現的關聯，例如文物中使用多少比例來自當地的陶土。

對許多人而言，考古學似乎是一個宏偉的領域——像印第安納．瓊斯（Indiana Jones，電影《印第安納瓊斯》系列的主角）在叢林中尋找寶藏那樣。但正如我們所見，考古工作的大部分時間，是在對個別文物及遺址的不同部分進行深度分析。有時候線索用肉眼看上去不太明顯，需要利用顯微鏡來揭密，比方說，殘留物中若存在特定同位素，可以推測出該文明的飲食習慣。另一方面，有時候退一步，從宏觀視角觀察全貌，往往在細節的堆疊之上，就能得出新的見解（回想一下建議二中，考古學家要不是專精於微觀或宏觀分析，就是在兩者之間徘徊）。

有位考古學家因為參與一場探索絲綢之路的長期專案，而能夠在山頂上辨識出一座被埋藏的城市。假如當地存在遺址，照理說應該會位於曾經被發現和記錄過的絲路附近，也就是山頂附近的道路。在這個假設基礎上，團隊掃描了地面表層，證實地底確實有東西被埋藏起來，而團隊也成功將遺址挖掘出土。有時候，所有的數據資料都已經存在，只需要用對方式梳理，就有辦法得出關鍵的觀點。

● 記錄分享資訊，從微小變化及時發現問題

新生兒加護病房的護理師也分享，他們每天都要記錄每個嬰兒從頭到腳的各種資訊，並且不同班次的值班人員也會共享這些訊息。一名在新生兒加護病房工作的護理師，在跟我們交流時

分享了整個流程，說明要記錄所有關於嬰兒的資訊，需要花十到十五分鐘的時間。如果他們沒有對每個嬰兒都參照同樣的流程，就會有資訊遺漏的情況發生。透過記錄分享資訊，即使是發生微小的變化，護理師也能及時發現問題（與成年人相比，任何微小的變化對早產兒來說都相對嚴重）。依循這樣的流程，能夠讓護理師進入分析新生兒狀態的思維。如果過程中被打斷，要在不參照原本流程的情況下重新記錄資訊，不是一件容易的事。

一位護理師分享了一個小提醒，有時候不一定要蒐集所有數據。對護理師而言，這意味著決定不進行某些檢測。舉例來說，假設一位母親在懷孕三十二週時做胎兒腦部掃描，要是結果顯示異常，他們可以用核磁共振儀器來找出原因。不過要是在接下來的八週內或分娩時這個情況沒有發生變化，那麼最好等到分娩後再來掃描。醫院總是有各種檢測可以做，家人總是希望立刻獲得答案，也傾向希望幫忙提供這些答案。但有時等到蒐集到品質更好的數據資料，反而更能妥善利用資源，也能提供更多有意義的觀察。

對於承擔評估競爭對手壓力的商業戰略分析師來說，可以從這裡學到寶貴一課。組織中的其他人往往**想立刻知道對手的動向，很有可能是因為組織本身正在規畫未來走向**。只不過**有時需要稍微等候幾週，等到獲得更多可以利用的數據時，就能得出一個更好的答案**，尤其是組織並不急著立刻有結果時。即使需要趕快得出結論，最好能夠根據手頭上擁有的資料預測，未來一旦出現新資訊，像是競爭對手發布季度營收報告時，就即時更新。在擬定策略時，**有時決定不採取某些行動也很重要**，這點同樣適用於競爭對手觀察分析[2]。

說到從交談的對象（比如目擊者和背景人物）口中取得資料，有名刑警曾給出重要的建議，關鍵在於不要採用引導式提問，而要以開放式問題讓對方填空，你會從而得知一些可能永遠不會知道的資訊。有時沉默是金，拋出問題後讓對方自由發揮，你願意付出的時間越多，他們就會丟出更多重要的訊息。

在商場上，我們有幸能夠回頭向客戶和供應商確認資訊，還可以打電話給其他部門的同事，詢問他們對事情的掌握狀況。但是對於競爭者，我們無法這麼做。除此之外，組織內的其他人很可能並沒有記錄下他們對對手的看法，因為這類資訊通常只是他們腦中一閃即逝的想法或印象。因此，競品分析部門（參見第七章）必須有系統的蒐集整理關於競爭對手的資料，以便在需要進行決策時，任何人都能夠取得這些資訊。

建議四：採用對的比較標準，資料品質重於數量

想系統性的蒐集數據，一定會面臨衡量是否正確的問題。衡量失準可能會導致誤判競爭對手，進而使得蒐集工作失去意義。

新生兒加護病房的護理師分享了他們如何使用公制來測量早產兒的身長、體重，以及藥物劑量。即使美國沒有廣泛使用公制，但這套測量系統更為精確，因此會用於新生兒加護病房。別忘了，這裡都是非常小的嬰兒，幾毫米的差異都影響甚鉅。因為不容許太大的失誤，夠不夠精確和

細節到不到位便十分重要。而包裝好的醫療器械套組有各種尺寸，可以測量的嬰兒重量從五百公克（約一磅）到五公斤（約十一磅），需要不同工具去測量才有辦法順利完成。

地球地殼中形成化石的速率並不均等，特別是在地底的「最後一批」恐龍化石，與 K-Pg 邊界之間存在著間距——如果有完整的紀錄，在 K-Pg 邊界應該也有恐龍化石。不過實際上化石並不一定會出現在那，這意味著，最後一批恐龍化石生成和恐龍滅絕之間間隔了一段時間，但這並不代表隕石不是導致恐龍滅絕的原因（這點仍然是共識），而我們對於恐龍在地球上的最後一年發生了什麼，了解得並不透徹。隨著深入挖掘，當下挖到的地底化石與下一個挖到的之間，可能間隔了一千年。

這些數據資料的差異，與企業能夠取得競爭對手的數據差異並無不同，只是你需要隨著觀察時間調整見解，才能理解真正的局勢。例如對手不斷從失敗中嘗試創新的腳步，因為你通常只會注意到打進市場「一舉成功」的案例。

請相信數據資料的品質勝過數量。商業領袖們口口聲聲說著大數據，但數大並不總是更美。一位古生物學家表示，即使有大量數據資料，但某些資料庫並不可靠，因此無法提供更好的看法。即使數量相對較少，也應該使用品質較佳的數據，而**最好**是能**自己蒐集，不要只依賴已經開發好的第三方資料庫**。

考古學中有一個重要的研究領域是計量學，也就是測量研究。古代人民並不使用標準的線性測量單位，因此步幅在不同城市有不同測量方式，例如雅典與斯巴達。重量則是標準化的單位，因為衡量重量的基礎，在於不同地方所鑄造硬幣的價值，而不是線性的單位測量。這就導致了一個問題，評估考古遺址應該要用什麼測量單位才好？這時便需要動用到逆向工程，在同個區域的建築物或考古遺址之間尋找特定規律，但一旦找到了規律，整個設計自然不言而喻。

曾有一名考古學家試圖透過不同直徑的圓，來確定某個公營房屋的設計架構，最終找到了符合內部空間大小量測標準的尺寸。從一面牆到另一面牆，剛好可以擺下六個長十六英尺的磚塊，總長度為九十六英尺。隨後的測量結果顯示，建築物長度包含牆壁厚度在內為一百英尺。由於一百英尺是一個神聖的單位，這意味著這棟房屋可能是一百英尺長的寺廟或神聖建築。

想了解基本的設計原則和幾何學，以及建築結構在地面上的布局，需要先弄清楚設計師使用了什麼度量單位。這麼做有助於我們更加接近設計師本人的思維，包括他是如何運用基本的幾何形式及空間範圍，構思出其他人可以理解，並且能夠實際建造在社區中的建築設計。

考古學家對於測量的最後一條建議，是變換測量方式，以理解不同的觀點。對土地、環境和多個村莊進行區域性調查，可以系統化的檢視多個地理位置彼此的互動模式。針對各特定考古地點進行更詳盡的挖掘，將揭露各城市曾經發生過的具體活動。

這就是競爭對手的企業策略及規模分析（包含所有部門），相對於業務單位分析（針對特定地區的特定產品類別）的差異。請回想一下我們在第二章中討論的公司規模（scope），其實類似考古學家考慮採取水平挖掘（在特定平面上挖掘）或垂直挖掘（顯示不同文明隨著時間層層沉積的坑洞）。商業戰略家必須同時考慮來自水平（跨一系列部門）和垂直（特定價值鏈中）兩個面向的競爭者，兩邊都很重要，但分別用來回答不同的問題。

建議五：仔細規畫如何應用資料

蒐集數據並確保測量準確很重要，但同時也需要有計畫，你必須知道一旦獲得資料後，要如何處理應用。這與建議二提到的概念有關：要清楚你想解答的問題。

新生兒加護病房的護理師們提到，他們每天都有一個一致的目標，就是所有嬰兒都安全出院回家。為了達成目標，護理師會計算嬰兒的體重有沒有增加、吃得夠不夠；如果有緊急情況，他們會使用另一個叫做ＡＢＣ的計算方法：呼吸道（Airway）、呼吸（Breathing）、循環（Circulation），這個演算法有一套統一的方法分析他們蒐集到的數據。有次一名新生兒難產，而難產有時會導致肺部積液。這名嬰兒待在加護病房幾天後，似乎已經復原到差不多可以出院，但某天他的血氧濃度不斷下降，接著又恢復正常，由於出現新症狀，便無法出院回家。

護理師用另一家公司的儀器檢測嬰兒的狀態，發現血氧濃度仍然在下降，於是列出清單，針對可能的原因一一核對，是神經系統發育不良？肺炎？肺部積液、塌陷或是異常？呼吸道阻塞？但各項結果看起來都沒有問題。接著他們改往檢查心臟，結果心電圖看起來正常，因此又做了心臟超音波檢查（以檢測心臟房室之間的血流情況），最後發現了一個心臟缺陷：主動脈和心臟之間有一個洞，導致含氧量高的血與含氧量低的血混在一起。在修補了這個洞之後，這名嬰兒終於能夠回家。假設診斷過程缺乏架構，醫護人員可能需要更長的時間才能找到解決方式。

一位古生物學家曾經分享說，從挖掘現場回到家後，都會寫下有哪些事情要做，他們認為在經過長途跋涉回家後，會把所有該做的事情忘得一乾二淨。比如，當時說好要按照什麼順序研究化石？還要拿哪些化石來比較？打算聯繫誰來諮詢意見？數據資料有很多用途，如果不把計畫寫下來很容易忘記。

有某一項研究，要在蒐集到的土壤樣本中尋找微小的牙齒。他們採用了一個標準流程：取一立方公分的土壤並在其中搜尋牙齒，重複進行至少五次同樣的操作。如果至少發現了五顆小牙齒，那代表他們做對了，便每次增加一立方公分的土壤來搜尋。如果前五次操作都沒有任何成果，就改用另一個土壤樣本。由此可見，如果沒有確切的評判標準，團隊可能會在篩檢過程中迷失方向。

另一位古生物學家分享，他們會特別著重於有大幅度變化的數據和初步發現。如果出現顯著的變化，要不是非常重要，就是出錯了。無論是哪種情況，都要確保在深入研究數據之前，能夠合理解釋這種異常現象，否則後續將更難以得出結論。

一位考古學家說，他們更偏重於提出問題來反駁某些假設。舉例來說，某個遺址是經濟中心還是宗教中心？其實很難斷定實際上哪個是正確答案，但是如果能彙整數據資料，來證明這個遺址不可能會是經濟中心，那麼就已經限縮了可能的結論。如果你有自信探索自己不知道的事情，便可以安排要去哪裡尋找反駁的證據。

例如，在路易斯安那州的波弗蒂角（Poverty Point）附近，並不存在天然形成的石頭，因此該遺址使用的所有石材，都必須從外地搬運過來。石材從多遠的地方運來、做什麼用途，都提供了一道線索，幫助了解當時社會如何看待取得這些石材的價值。如果這種石材沒有用在該遺址的其他宗教場域，也不能證明該遺址是經濟中心，而只會加強此處主要不是作為宗教中心的推論。

考古學家的最後一個警惕，是關於文獻證據，或者說，是正在研究的社會文化，在當時寫下的文本。曾經有人認為，這類書面紀錄正確無誤的呈現了當時社會發生的事情，及其背後的相關動機。然而，考古研究呈現的故事，有時會跟這些文本紀錄不同，有一部分是因為，書面紀錄通常是由當時文明社會中的「贏家」所寫，極少由沒有權力的人留下。同理可證，你應該注意競爭對手闡述了什麼，像是閱讀他們發布的新聞稿。不過如同第一章所強調的，要對聲明持保留態度，綜合對方發表的內容、對手所擁有的資產及資源，以及對個別決策者的了解去比對。

在建立競爭分析情報時，請確保你有清晰的計畫，將蒐集到的數據用於分析對手。從為對方建立的簡單假設開始，只有在需要時才增加複雜度，尤其當分析變得越複雜，尋找數據和解決方案就變得越困難，傳達你的見解給組織的其他單位也會變得越困難。

建議六：找出規律，再試著推翻

每個商業戰略家都應該具備發現並運用類比的能力，拿來類比的例子，可以是其他公司過去在不同地區或產業的商業策略。所謂類比，是能夠轉化類似案例，並應用在個人所處情境中，幫助你擁有豐富的新創意和思路。想要成功，就得有辦法選出正確的類比。在眾多受訪者中，有許多人提到找出特殊模式（Pattern）是要點，尤其是研究古生物或考古學的學者。

考古學和古生物學屬於歷史科學，這代表無法做實驗去研究，就像你無法對競爭對手進行實驗一樣。通常你會需要先根據自己所處的情境，提出一個類似的假設，比如用現代去類比恐龍。設定類比及評估相似之處的挑戰之一，在於人類的想像力會有所局限。儘管翼龍看起來像是會飛行的恐龍，但實際上並非如此，在現代並沒有接近翼龍的生物。不過翼龍某種程度上像是鳥和鱷魚的混合體，這兩種動物是現存最接近恐龍的後代。不過在其他現存的動物之中，特別是一萬多種的鳥類裡，還有近似恐龍的後代嗎？

棘龍是唯一一種水生恐龍（至少就我們目前所知），這引出了一個有趣的問題：為什麼其他恐龍不是水生動物，或是至少像兩棲類是半水生動物？一位古生物學家研究了許多現存脊椎動物的骨頭密度，發現水生生物的骨骼更為密實，這點能避免牠們因為浮力過大，而無法下潛追捕獵物。這位古生物學家接著研究恐龍骨骼，發現恐龍骨頭密度的特點，與現今陸地動物類似。然而，棘龍的骨頭密度更接近鯨魚或企鵝，由此可見，比較現存脊椎動物及恐龍骨頭密度的相似度，有助於解釋為什麼棘龍會是唯一的水生恐龍。

演化是一連串與歷史有關的模式，因此古生物學家會尋求類似的情境，從他們感興趣的古代時期蒐集資料，並研究是否符合模式。如果不符合，他們會取得更多資料，找尋另一個類似的例子，再去比較看看是不是更符合模式。

●比對不同領域的相似案例

從其他領域尋找類似情境，也是可以嘗試的做法，就像商業領袖應該從其他產業或地區，尋找可以參考的類似案例。有位古生物學家對股票波動率的下降，與科、屬級別生物的波動率下降做了比較，前者的特點是，Beta值（風險係數）高的公司往往會破產或「人間蒸發」，後者的特點則是，物種的起源及滅絕，會隨著時間的推移而下降。儘管兩者模式相似，卻是由不同的因素驅動，而共通點顯示出，演化的限制可能更加無遠弗屆。這位古生物學家還比較了物種衰落與舊科技衰退的異同，像是舊蒸汽機會被淘汰，是因為效益更強大的技術出現取而代之。

另一位研究員則是分享了對猴子最早祖先的研究。長久以來，人們一直認為猴子祖先源自非洲，因為非洲是類人猿（猩猩）和人類演化的所在地。然而，古生物學家在亞洲發現了比非洲那邊更古老、更原始的化石，以至於無法確定這個生物究竟是不是猴子的祖先。當初在亞洲發現猴子祖先化石時，體積非常小，並且跟預期中的外觀不同。不過把這些化石與課本上靈長類動物演化歷程的化石素描相比較時，結果卻是吻合的。在接下來的十到十五年內，在亞洲發現了更多比非洲還要小及古老的化石。如果猴子的始祖起源於亞洲，那麼這些猴子怎麼抵達當時還是座島嶼的非洲？

隨後類似的化石也在利比亞出土，兩種化石十分相似，以至於利比亞的化石看起來像是第一批從亞洲游泳到非洲的猴子。事實上，解釋這個推論的關鍵是牙齒，因為哺乳類動物的牙齒就像犯罪現場的指紋，光憑下顎的一顆牙就能識別出物種。利比亞猴子的牙齒，與亞洲化石的牙齒非常相似，因此兩者看起來像是在同一個地方的相同物種。比較有可能的情況是，兩者分別在兩個地方演化而成（雖然這是古生物學家不太傾向的推論），或者是亞洲的猴子遷徙到了非洲。

忽略歷史脈絡，可能導致錯誤的聯想。始祖鳥（Archaeopteryx）是一種類似鳥類的恐龍，但在鳥類共同的祖先誕生之前，始祖鳥與鳥類就已經在生物遺傳的演化上分支開來。人們曾經發現許多不同大小的始祖鳥化石，但因為每個化石都有長滿羽毛的尾巴，因此認為牠們各是不同物種。現代鳥類要到離巢後才長出尾羽，而始祖鳥的尾巴長滿了羽毛，人們就認定這些物種肯定跟鳥類一樣都是成年動物，不同的大小代表身形各異的不同物種。這裡的誤判在於將始祖鳥與鳥類類比。始祖鳥與鳥類的演化歷程不同，而始祖鳥的祖先在幼年期也是長滿羽毛（包括尾巴），所以這僅僅是物種在生物分類上，屬於同一個「屬」的特徵。把現代鳥類的特徵類推到始祖鳥，而沒有考慮到事件發生的先後順序，便導致了類比錯誤。

考古學家在解釋古代文明時也會尋求特殊模式。有些大原則相對基本，比如用於找尋游牧民族定居點的原則，包括附近有水源、遮蔭處、靠近山區等，利用這些原則可以縮小可能地點的範圍。其他問題可能也有各自符合的相同模式，例如，考古學家對於某一家戶的觀察及發現，不一定符合整個遺址或該地區的其他遺址。

● 推翻自己找到的規律

在行為方面，人們往往陷入一種思維，認為人與人之間，要不是零和遊戲的競爭關係，就是會為整個族群爭取利益。然而許多時候，真正的答案落在灰色地帶。除此之外，模式亦可能會隨著時間的推移，根據落在範圍中不同的時間點而發生變化，比如從聚焦個體轉向聚焦集體，然後再次移轉改變。

考古學家知識淵博，他們知道社會有許多不同的形成方式，一群人有各種方法可以組織動員起來。當他們對正在研究的文明觀察到未知的事物時，便會搜尋腦中最接近的例子。有時可能找不到，因為人類社會的民族誌紀錄有其限制，相較於當今已知的，有更多資訊因時光流逝而遺失。因此，他們必須對其他解釋，以及多樣化的社會結構抱持開放態度。企業也需要在不同產業、地區及時空背景，用各種方式架構組織，這一點與考古學沒什麼兩樣，而這也是身為競品策略師的知識大全精選。

情境脈絡至關重要：如果只找到一個行為的實例，很難得出解釋，但多個反覆出現的實例可以得出一個模式。考古學家即使只在一個地方挖掘，也會去比較不同的挖掘現場。他們會跟其他人交談，利用在其他挖掘工作中的經驗，尋找其他領域或時期的例子。有時牽連的範圍很廣，像是某位考古學家就曾分享試著了解遊牧族群脈絡的例子，他們團隊還為此研究線上遊戲的玩家如何建立關係，可見在現今數位時代的事例，還是可以為古羅馬時代的文明提供線索！

一位考古學家曾經用商業類比去理解一套陶瓷小雕像。有的雕像只剩下陶土做成的兩條腿，有的則只剩下一條腿。單一隻腿看起來像是故意被劈開或折斷，因此研究人員推測，這些「岔開的腿」代表了一種原始契約，就像還沒有電子化的紙本附息債券（bond coupon）。雖然這些陶瓷小雕像有可能用於宗教儀式，但考古學家認為，這些雕像更有可能是用在貿易或追蹤某種交易。

在尋找模式的同時，還是需要對例外情況保持敏銳。另一名考古學家提及，他們在某個遺址表層，找到了出自於團隊特別關注時期的陶器和工具，還有更早時期的遺留物。這似乎有些反常，由於他們正在尋找比較接近近代的發現，而且遺址看起來也像是近代的建物，他們便假設這些古老的器具只是湊巧的例外。七年後，一位新同事加入挖掘團隊，他是一名經驗老道的考古學家，只是對於挖掘現場的地點或時期不是很熟悉。正因為這位新研究人員沒有預設立場，他樂於將這些例外視為理解考古地點的關鍵。結果證明，這個遺址有美洲最古老的土墩。最初的考古學家其實清楚出土文物的狀況，他們已經認出是早期的陶器和工具，但是卻選擇忽視這個事實，只因為它們被視為沒有價值的例外情況。

當你發現並選定一個模式，或是各種模式不管怎麼解釋都合理，同時也相互契合時，這種感覺彷彿是破解了暗號，讓人陶醉不已。但是**不要因此自滿，花一些時間嘗試推翻這個想法，因為其他人肯定會這麼做。如果你的結論承受得住自己的抨擊，便很有機會也能撐過別人的挑戰。**

最後一點，要知道你永遠無法百分之百確定答案。在考古學文獻中，「可能」是一個經常使用的詞彙，這是因為研究結果容易存在殊途同歸性（equifinality），意思是：同樣的結論可能存在兩種合理的解釋。比方說，一個遺址過去可能是經濟中心，也是儀式中心。這類情況往往比較棘手，因此考古學家會嘗試設計實驗，盡可能降低兩種解釋都合理的可能性，讓結論剩下一種可能。如果實驗方法不奏效，就去找另一種方式、途徑或遺址。只不過最後有時還是無法得出正確的解釋，這時就需要持續研究下去。

接著，我將分享來自新生兒加護病房護理師的最後一條建議，他們利用模式去比較目前經手的案例與之前治療過的新生兒，透過模擬建立參考案例。具體來說，醫生會帶著嬰兒玩偶到新生兒加護病房，並提供嬰兒身體狀況的資訊。無論護理師當時正在做什麼，都必須停下手邊的工作來照顧這個娃娃。這種練習除了有助於培養在緊急狀況下轉換應對方式的能力，也能藉此讓護理師練習，在實際接觸過的新生兒身上不一定遇到過的情形，同時還是個很棒的培養團隊默契活動。後續我們也將在第六章看到，這類模擬技巧對於磨練競爭策略師實力，是個絕佳的方式。

綜觀整個商業領域中都存在著類比和模式，我們有時會陷在太過關注所處組織，或自己負責的領域，而現實是，忙碌的生活讓我們沒有太多空閒及時間去探索。不過要是想摸清楚競爭對手的思維，你就得建立自己專用的類比資料庫，並且培養辨識模式的能力。

建議七：善用科技分析大數據

科技總能為企業創造新的機遇。深入挖掘大數據能為企業提供客戶洞察、供應鏈的數位化互動模式能提升工作效率，甚至員工滿意度指標與員工資料也能改善留任與工作投入程度。如同第一章中所提到的，相較之下，多數企業在競爭情報（competitive intelligence）這方面尚未充分投入最新技術。我們所做的訪談，凸顯了科技進步對各學術領域都十分重要，尤其是古生物學跟考古學這種「古老」的學科。科技發展也帶動企業以培養競爭洞察實力為目標，共同為尋求科技解決方案而努力。

現今考古學家在挖掘現場使用新科技並不稀奇，新科技也不是專為考古這門專業研發，但考古學家仍能用它們來改進地表和地底的調查分析。在過去數十年，考古學家會用雷射測量儀器來繪製遺址地圖，為了蒐集成千上萬的測量數據來繪圖，通常需要花費好幾天，甚至幾個星期的時間。如今他們改用光學雷達（LiDAR）這種光學探測和測距設備，利用雷射光束測繪現場環境的立體地景輪廓，只需一個下午就能完成過去曠日費時的工作。

他們也越來越常使用飛機或無人機，藉由地理資訊系統（GIS）平臺製作地圖。其他技術則借鑑了地質和石油勘探中的地底查勘技術，包括磁力測量儀、鑽井和透地雷達。此外，核磁共振（MRI）機器可以讓研究人員查看密封罐、石棺或其他物品的內部，而不造成任何損壞。儘管這些自動化系統不是解決一切問題的萬靈丹，不過的確可以在考古現場節省大量時間，讓工作效率更高。

另一個建議是，可以根據你能使用的技術來量身設計問題。由於考古學是逐步積累的學問，其中一種選擇是利用新技術處理早期的數據資料和想法。但過於仰賴先前蒐集的資料，可能會有潛在的問題，因為過去的蒐集方式並不一定適用於新技術。雖然你可能需要尋找新數據，但有更新穎的技術能夠協助找到品質更好的資料，所以還是有正面的意義。

有一位受訪者在二〇〇一年建置了分析游牧部落之間如何合作的模型，從而確定舊時商隊貿易路線經過的位置，只不過當時模型的計算能力，還沒有成熟到能夠計算出成果。因此，在科技變得更加成熟進步的十五年後，他們找出先前擱置的數據及模型，在重新研究後，最終發表了一篇文章。如果因為技術或數據問題而陷入僵局，可以選擇暫時擱置在一旁，等過一段時間後再重新拿出來檢視。例如，當機器學習技術能建立出更符合競爭者真實情況的模型時，就是重新檢視的好機會。

要從競爭者的資料中，立刻找到有價值的觀察結果很難，因此如果你發想了一套評估對手意圖的手法，卻沒有相應的技術能力執行，記得不要就此放棄。把想法記下來，以後再回頭使用。請牢記一位考古學家給出的建議，他會針對一項新技術進行為期兩天的專題研討，並且將該技術的專家納入團隊（回想一下建議一的內容）。工作坊幫助考古學家了解基本知識，也讓他們跟專家合作起來更順遂，清楚這項技術的可能性及限制，了解其中原理可以創造更良好的協作關係。你不需要對所有事情都瞭若指掌，但是可以努力接觸、拓展、熟悉各種不同領域。比如對於考古學家來說，可能就是攝影、勘測、繪圖等；而對於商業戰略家來說，就是行銷、營運、財務及人力資源流程等領域。

新生兒加護病房的護理師也利用最新技術來照顧新生兒，例如超音波技術就被廣泛應用而且不斷進步，嬰兒身上也有許多檢測設備。然而，儘管這些設備很棒，仍然有許多無法控制的變數，比如母親的壓力指數跟遺傳造成的影響。即使期望技術能達到百分之百的準確率，但仍有可能出錯（這點跟預測競爭對手時的期望類似）。然而，科技的進步幫助護理師掌握更準確的資訊，同樣的，商業戰略家最好也尋求科技的力量來提升預測能力。

另一名新生兒加護病房的護理師表示，身體健康表電子化後節省了大量時間。其實電子圖表上的資訊與過去紙本呈現的雷同，不過現在他們能夠快速比較兩份圖表，還能隨著時間的推移，探討相同檢測項目的不同數據，不必拿出一堆紙本紀錄來查看。過去用來存放早產兒身體健康表的活頁夾，可能會有五到七公分厚，現在所有數據不僅都搜尋得到，還能立刻取得，省下了許多時間也降低人工犯錯的機率。競品策略家應該能從這些例子得到啟發，建立商業儀表板來幫助追蹤競爭對手的動向和情報（詳細內容請參考第七章）。

有一項重大技術變革，對古生物學家產生了顯著影響，也從根本上重新定義了演化樹（tree of life），也就是物種的起源及演化。從前，演化樹遵循地層分層的原則，動物隨著時間演化，因此比較古老的化石會是祖先，你可以沿著演化樹下方的節點找到近代演化出來的生物。這套系統並不絕對嚴謹，有時甚至會導致古生物學家難以解釋演化樹經放大檢視後顯示出的分支。

而支序分類學（cladistics）則是一套更新穎的方式，會根據祖先群體不具備的共同特徵，來排列生物在演化樹上的位置，這套方式期望透過最直截了當的方式，在物種之間建立模式（pattern）。該套方法之所以可行，全因電腦演算法能從所有可用的數據中，建立最可能符合真實情況的演化樹，這棵樹趨同演化（convergent，指沒有直接親緣關係的動物，因長期生活在相似的環境，發展出外形及功能相似的器官）分支的數量不但最少，也不會出現退化的情形（即物種特徵的反轉，或演化為更單純的特徵）。

如今每年都有許多新科技可供企業應用，競品洞察分析師應該好好研究，如何藉助這些技術更準確的預測對手的下一步。不論是用於分析競爭者聲明的文字探勘軟體，或是追蹤對方社群媒體上按讚數、倒讚數和評論數的監測工具，競品洞察應該要跟組織中其他單位一樣，始終領銜運用科技的力量。

建議八：避免偏見，找人幫忙唱反調

所有決策過程中最大的挑戰之一，就是確認偏誤（confirmation bias）的風險，意思是，決策者開始狹隘的聚焦於一個中意的結論，並將所有蒐集到的數據和蒐集方式都用來支持這一假設，這點在試圖理解競爭對手時是特別困難的考驗。

因為無法直接從對手那獲得第一手資訊，去驗證觀點對錯，並迫使我們去正視跟自己想法不同的答案。先前已經討論過，這四位專家的研究領域存在著不確定性，因此我詢問他們如何避免偏袒心中既定的答案。

首先，你可以稍微安心，因為大多數受訪者都承認，要擺脫偏見是一個很大的挑戰，而且不是每次都能避免。刑警表示，每個案件都有所不同，所以要做的是，跟隨證據還有證人陳述的方向前進。你可能會沿著特定路徑前行並走向岔路，但過程中得不斷回到最根本的問題——是誰犯下了這個罪行？犯罪動機是什麼？

除此之外，還得仰賴團隊合作。身為負責偵辦凶殺案小組的刑警，他們認為自己的工作就是不斷提問，同時扮演魔鬼的代言人，去壓力測試辦案人員提出的結論。有沒有遺漏什麼？還能多做些什麼？如果他們期望在法院審理中勝訴，所提出的結論就必須涵蓋所有可能的情況。因此，來自外部的觀點可以幫助壓力測試案件目前的狀態，確認是不是各方面都完備無缺。

古生物學家也提到，在團隊中擔任提出反對意見的角色，其實能帶來相當有價值的幫助。留意那些思考與邏輯跟你不同的同事，向他們尋求意見，傾聽他們提出的評論。假使你腦中已有想法，在走廊上找個人討論一下，如果他們說你的點子很白痴可笑，不一定代表你是錯的，但肯定需要反思你自己的分析和想法。在學術界有個好處是同儕審查機制，這套機制讓所有提交的論文都可以得到他人的意見回饋，甚至可以說，一定會有人指出論文的問題，畢竟審稿人的立場就是要找出錯誤。

身為策略家，必須找到會提出反對意見的人。這麼做或許會讓你心裡不是很舒坦，卻能夠避免因為感覺更安全，而只和關係緊密的對象合作（因為這群人可能會偏袒你）。請培養願意提供反對意見的人脈，找到越多人，越有可能在需要的時候得到他們的幫助，還有要記得，你找的人不能害怕提出有建設性的批評。

● 定期審視自己的分析，磨練自我辯證的能力

另一個訣竅是，即便你認為已經找到答案了，也要繼續蒐集資料。這麼做的一個好處是，隨著累積越來越多的證據，對於證據的解讀自然可能也會隨之改變。有個例子是關於一種類似鳥類早期演化的恐龍——熱河鳥（Jeholornis），有很長一段時間，古生物學家以為某塊胸部的骨頭是胸骨外側的支柱，這些骨頭讓飛行生物得以向下拍動翅膀，但是他們並不確定這塊骨頭是如何接合胸骨構造。

在進一步測量後，有名古生物學家認為，這塊骨頭看起來既連接到胸骨，又連接到肋骨，也許其實接合的是肋骨？最終，他們找到了另一塊還沒有形成化石的熱河鳥翅膀骨頭，如此一來，他們就能清楚的看到整塊化石石板上的骨頭，而其中兩塊毫無疑問是胸腔肋骨，一旦看到這項證據，翅膀骨頭是肋骨的說法就變得合情合理，不過這需要持續蒐集資料，不能光依賴最一開始的推論。

有位古生物學家甚至透過閱讀創造論（按：相信宇宙、地球、生物都是由超自然力量所創造）者的著作，來挑戰自己的思維立場。由於雙方的立足點不同，所以引發了一個問題：對方是否發現到自己沒注意到的觀察。然而，有沒有辦法保持這種修養取決於個性，要擁有開放的心胸，並且願意放下成見探討才做得到。**每週固定排出時間重新審視並質疑自己做出的分析，或是養成尋求他人回饋和評論的習慣，都能夠磨練個人自我辯證的能力。**

古生物學家和考古學家之間有個共通的議題，那就是多重工作假說（multiple working

hypotheses）。如同前面討論到的，同個結果有多種不同的解釋，是有可能成立的（殊途同歸性）。有時這些假說不成立，因為不符合其他人所提出的類別或模式。如果是這樣，就回到起點重新提出新的假設，或蒐集更多數據。考古學家通常會就他們所研究的遺址建立年代表，但是隨著樣本數擴大，包含了更多遺址，這份年代表可能就不再適用。舉例來說，會有來自不同時期或用於不同目的的陶器。儘管永遠無法找到最終答案，但這個方式有助於縮小當下的研究框架，而每個答案都會開啟探索新問題的大門。不斷自我挑戰，才能避免思維變得過時僵化。

跟部落合作也有助於考古學家發展多元觀點，因為這些族群想解決的問題不同於考古學家，這在根本上有助於研究者培養他們原本可能會忽略的觀察。部落族群想要更深入了解的，往往是跟祖先建立的連結，而不是尋找會放在博物館展示的文物。在所有專案的初期，考古學家都會與部落族人談話，以更了解想尋求答案的問題為何，以及應該蒐集哪些資料。如果不這樣做，很有可能在挖掘前期，就會讓部落未來無法順利探究想了解的問題，有一部分原因是，挖掘過程必定會破壞遺址的原始樣貌。

透過跟部落族人交流，考古學家有可能得出從未想過的研究問題。一名考古學家就分享了，如何透過跟當地原住民部落對話，幫助他們用全新的觀點看待這塊土地。舉個例子，考古學家正在研究的地區，地表上散布著數百萬塊來自附近休眠火山的黑曜石碎片，由於數量龐大，讓這些碎片看起來不是特別重要。部落族人則想了解這片土地的歷史，以及他們的祖先從古至今如何和這片土地互動。由於黑曜石在X光下會發出螢光，研究人員蒐集了黑曜石樣本，發現該地區的黑曜石有五個不同的來源。此外，黑曜石發出的螢光亮度會隨著時間而變化，這個跡象顯示，這麼多年來，部落祖先對這片土地有著不同的使用方式。這些看似沒什麼特別的岩石碎屑，實際上卻是解答部落疑問的重要線索。

●聆聽局外人的簡單問題

另外，隱性偏見也可能會影響決策結果。回想一下建議六中的考古學家，他忽略了那些事實上是理解遺址關鍵的古陶器和工具。他們一直謹記當時學到的這一課，同時也把經驗傳授給學生們：避免陷入有偏見的思維模式相當困難。

有位受訪者指導他們的研究生撰寫日誌，但是不要和指導教授分享內容。如果考古學家在挖掘過程中，說某道牆是誕生在公元前二世紀，學生應該在日記中寫下是否同意以及原因。這個過程會幫助學生在沒有即時互動的壓力下，形塑自己的思維觀點。當指導教授詢問有沒有其他看法時，學生就可以分享日記中的想法，不過前提是，整體環境氛圍要願意接納獨立思考。如果學生表示不同意教授的觀點，指導教授就必須接受他們的主張，並詢問原因。（受訪者自己的論文指導教授不一定都那麼通情達理，這或許就是為什麼，受訪者如此努力為學生打造這樣的思考過程及空間。）

大型且多樣化的團隊（回想一下建議一）同樣鼓勵獨立思考。跟許多不同的人一起工作，能夠帶來不同的視角，還能用方法論的觀點去挑戰已經被接受的假設。一位受訪者收到最具啟發性的回饋，是來自一群參訪考古遺址的小學生。他分享自己在考古遺址做哪些工作時，其中一個孩子問了：「為什麼？」」考古學家認為，在解釋他們做了什麼事情時，也等於一併回答了「為什麼」，但實際上顯然並非如此。或許兒童是用一種單純天真的視角看待這個世界，但這樣反而很好，因為過去的認知不會成為他們的包袱。

一個來自局外人的簡單問題，讓團隊得以重新評估，他們在做研究時是否問對了問題（呼應到建議二）。不論對方是哪一種人，即使你認為他們的能力或智慧仍然稚嫩，都應該仔細聆聽他們的聲音。每個人看待世界的角度各有不同，要學習從其他人的視角來審視事物。

我們先前討論過，會把競爭對手視為非理性，通常是因為如果我們和對方處在同樣的位置，會做出不同的選擇，而這種看待世界的眼光是有帶偏見的。由於每個人都有自己的觀點、能力和切入點，就不應該都做出相同的選擇。刻意留給自己一些時間，退一步，用別人的眼睛看世界，置身在多元化的人群中，這些人所提供的不同觀點，有助於測試你的競爭洞察。

建議九：明白要向誰分享結果，才能得到支持和資金

即使你準確的完成分析，但如果不能說服組織中其他領導者，相信你的競爭洞察正確，所付出的努力也將功虧一簣。在這倒數第二個建議將提供許多做法，讓你提供的資訊，與你試圖影響的受眾產生共鳴。

一名刑警需要應對多個不同的對象，從嫌犯、證人，到審判過程中的律師和陪審團都有，他會針對每個人使用不同的技巧。比方說，他會對嫌犯保留一些資訊，這些事情從來沒有公開過，只有凶手或相關人員才知道，如此一來可以更加確定嫌犯有沒有參與犯案。（沒錯，這個在電視節目及電影中常見的手法，實際上是有效的！）

對於不同的科學家和整個科學領域來說，能產生共鳴的故事也不同於刑警。有名古生物學家提出某個物種如何演變的新解釋，試圖說服這個領域的學者，有一些人認同，但也有許多人反對這個新想法。有時這名古生物學家感覺自己像是在荒野中大喊，因為很多人對這個想法不屑一顧；然而，即使是對這個假設感興趣的人，也需要更多的資料佐證才願意完全相信。這時出現了轉折，有另一個團隊也發現了相似的化石，並得出差不多的結論，古生物學家選擇與對方合作，而這個團隊也提供了研究支援。最終，他花了將近十到十五年的時間才說服了大多數人，但也有人至今還是不相信這樣的結論。

古生物學家特別在乎說服與他們合作的研究生，因為這些研究生將成長為下一代的教授。這有助於推動這個觀點，去說服主要反對這個觀點的其中一位學者。關鍵的成果就是，這個新想法最終成為了共識。

身為一名策略家，或許無須一開始就去說服執行長，說你們對於競爭對手的預測反應正確無誤，只要能在基層員工中獲得足夠的支持，讓他們相信你的競爭洞察十分準確，他們向經理提出建議時，就會不斷使用這些看法。誠如我們將在第七章看到的，對於競爭情報小組而言，獲得高階主管的支持很重要，但有時來自基層的大力支持，也有辦法改變組織的方向。

另一位古生物學家則是談到了發展周邊視角的重要性，意思是理解一開始立場不一致的人的觀點。即使雙方研究的主題不同，你也必須對隔壁辦公室的人有一定程度的了解。他們曾有一名博士後研究生非常想在《科學》（*Science*）雜誌上發表一篇論文，這是一本極具聲望的科學期刊。這名研究生試圖說服大家這份研究論文的重要性，但是受訪者表示，團隊必須解釋，為什麼他們的研究工作對其他人來說很重要。重點不在單一結果的重要性，而是這些結論對他人的工作有什麼影響。越是能將你自己專業領域的觀點，連結到更廣泛、更不相關的領域，你的見解就會引起他人越濃厚的興趣。

在與古生物學家和考古學家的討論中，他們都強調了，有效溝通對於取得研究資金的重要性，說明時要凸顯這些研究洞察的廣泛適用性，而不是僅限於特定專業領域，才會讓資助者願意投入資源支持研究工作。

新生兒加護病房的護理師則特別強調，了解父母的學習需求，以確保雙方溝通順暢，是相當重要的一點。這裡指的不是了解對方的教育程度，而是學習方式，比方說，原始數據、比較、類比、技術細節等。他們還必須了解每個父母的溝通地雷，意思是要避免的做法。總之，他們需要幫助父母理解嬰兒的身體狀態，並且為寶寶回家的那天做好準備，而資訊必須用父母最容易理解的方式傳遞，才能確保新生兒在出院後可以得到妥善的照護。

競爭洞察策略家也要想清楚，如何向重要的受眾（利害關係人）呈現他們的研究結果，讓流程和觀點都能廣泛適用在組織的各個不同部門，這樣才更有機會從高階管理層獲得資金支持。用組織內其他成員好理解的方式來描繪觀察結論，將提高落實的可能性，即使面對反對意見，也要持之以恆分享觀點，堅持到底才能讓那些意見相左的同事改觀。

建議十：記住，每個行為背後都有一股推力

最後一堂課是來自刑警及考古學家，畢竟他們可是研究成年人行為的專家。這堂課強化了前幾堂課提出的所有理論框架：競爭對手的組織，是由一群做決策的個人組成，而行為背後，存在著一股驅使他們這麼做的動機。這股動機不一定顯而易見，或許你也無法百分之百理解，但確實有股動機隱身在幕後。

這位刑警分享了一個搶銀行的案子。面對這個案件，他腦中第一個想法是，這背後肯定有原因，因為沒有人會無緣無故的犯罪。於是他問了嫌犯：「是發生了什麼事情讓你得這樣做？」對方回答說因為必須養家。刑警回應道，如果真的是為了養家，他會帶些食物給對方的家人。嫌犯疑惑的表示：「你是認真的嗎？」在刑警給予肯定的答案後，嫌犯才坦承：「好吧，我認罪，而且我還犯了其他罪行。」

刑警為嫌犯的家人送去食物後，對方坦白了來龍去脈。實情是因為他買了零食，沒有多的錢再買吃的，才去搶銀行，此外還透露了作案用的汽車、停在哪裡、使用哪種袋子，還有丟棄的位

置，這些都是刑警把錢找回來會需要的資訊。

有些特定行為的解釋相當明確。例如，九〇％的古代聚落都在距離水源一定的範圍內，顯然這其來有自：人們必須靠近水源以求生存。此外，位於斜坡上的遺址周圍通常會有排水溝，用來保持房屋乾燥。然而，有些時候行為解釋則難以斷定。

例如，有位考古學家的研究探討了兩個相鄰的遺址，一個有八千年的歷史，另一個則有四千年。這兩個遺址有一些共同之處，像是被燒焦的植物殘渣，顯示了當時社會的飲食習慣。而考古學家更關心的是，這兩個社會是以家庭，還是整個族群為單位來生產食物。這很難從食物殘渣釐清，但是他們找到了遺址中參與食物生產的人數證據。證據表明，在歷史比較久遠的遺址中，當時社會是大型團體一起工作（共同生產），但在比較近代的遺址中，社會分成了小型組織（家庭）。由此可見，當時社會的集體行為，影響了這兩個遺址發現的文物。

一位受訪者分享了流傳已久的考古學笑話：如果無法解釋當時社會的行為是如何留下這樣的遺跡，那麼一定是因為「儀式」。這的確是個面面俱到的答案，邏輯有點像是：如果企業領導者無法對競爭對手做出合理解釋，就代表他們的行為並不理性。考古學家對於所研究的問題，也都有不同的看法，答案從顯而易見到難以回答都有。這是一個碎片嗎？挖掘出土的是哪一種結構？功能是什麼？對於許多有特定用途的物品，尤其是在文物保存狀態不良時，這些問題很難有確切的答案。

行為存在不確定性的其中一個場合是葬禮。考古學家相信，舉辦葬禮通常會花很多心血，有一定的儀式感，但是要如何進一步解釋，為什麼葬禮要那樣舉辦？舉例來說，如果有個昂貴的物品（比如一把劍）被埋在墓穴中，原因是什麼？這麼做似乎不太明智，因為社會將失去一個寶貴的物品，無法再使用。

對於一個特別缺乏金屬的社會來說，埋葬金屬絕對不是最理想的做法。然而，這是從現代的價值觀來解讀當時社會的行為。將價值昂貴的物品放入墓穴，相對於其他組織，可以為家族、甚至整個社會帶來威望。如果當時有公開的葬禮，得以展示炫耀與亡者一起埋葬的物品，這家族的心態就昭然若揭了。埋葬像劍這樣極具價值的東西，儘管從現代人的眼光來看很傻，但當時的人可能正是為了獲得威望，才願意且有能力這麼做。

考古學是一套由實驗證據所建立，層層堆疊的理論。不論是文物，或遺跡在地圖上的分布，都能回溯當初為什麼會催生出這些考古發現。每一種行為都會產生許多物理痕跡，而考古學家看到的，只是這些資料中的冰山一角。行為中存在著模式，要突破的限制，就必須找到證據，證明研究對象隱含的文化現象為何。

競爭洞察幫助我們理解其他組織的行為，有時你可能會覺得這個練習太困難，但是最後這一堂課應該會讓你重新振作。即使我們只能在現實世界中看到競爭對手的定價、行銷、新上市產品、供應鏈及收購對象，這些行動的背後一定有一股推力在支撐著。

額外建議：越是無法證明，越要找到最佳解釋

以下是我想從訪談中分享的最後一些要點，希望可以幫助你建立良好的心態，成為一個更出色的競品策略師：

1. 保持謙虛，你不會在一開始就知道答案。
2. 避免做出過於籠統的結論，只談你確定的事情。
3. 謹記大局，你的工作不只相當重要，還會帶來新的觀點。
4. 走出舒適圈，不要害怕挑戰自我。
5. 如果不會對自己的發現感到驚訝，那就很難把工作做好。
6. 讓工作中發現的錯誤成為你的謬思。
7. 經歷失敗也是學習的一部分。
8. 想做好科學研究，先處理好人際關係。
9. 講出「顯而易見」的人，代表他不知道自己在說什麼，或是只想要忽略假設。

我從一位婉拒受訪的對象收到意見批評，說這一切只是很基本的決策過程。所有決策都存在一定程度的不確定性，因此，無法和新生兒、古代文明或是遺體（人類或已經滅絕生物）進行交

流沒有什麼特別之處。然而，在與二十幾位專家訪談之後，我更加堅信，有沒有辦法與研究目標溝通有很大的落差。當你可以與客戶、供應商、監管機構或合作夥伴對話，就比較不會急著應用這些課程內容。不僅如此，之所以會懷疑預測對手這個行為，代表分析結果需要更準確（就像刑警為出庭準備案件資料一樣）。

最後的肯定來自於一位考古學家的分享，這位學者在大學開了一門關於決策的課程，教授如何在無法直接跟決策議題相關的對象互動之下做決策。如果無法直接跟決策相關對象互動這一點，可以跟領域相差甚遠的大學課程學分掛鉤，那麼我們應該相信，身為競品策略家，我們肩負的任務比典型的決策過程更複雜。

請記住，沒有一件事可以百分之百被證實。關於圖坦卡門王朝或龐貝古城當時社會的樣貌，至今仍存在許多未解之謎。雖然古生物學家渴望觀察活生生的恐龍，但是《侏羅紀公園》（*Jurassic Park*）系列電影終究只是虛構的故事。

證明人類狩獵的第一個證據，是動物大腿骨上的切割痕跡，這點顯示人類的狩獵行為。獵物的後腿上部是肌肉最發達的部位，會有這些切割痕跡，難道是當時的人類需要動物肌肉？還是他們想要的是脂肪？抑或是割下肌肉來餵養其他動物，以便他們能進一步吃掉動物骨頭裡的骨髓？上述任何一個答案都可能跟證據相符，因此骨頭上的痕跡無法證實早期人類獵捕的目的。對考古學家來說，無法確切證明研究案例或許會讓他們感到沮喪，但這也推動他們尋找更多的證據，去得出可能的最佳解釋。同理可證，這也是你在分析競爭對手時應該追求的終極目標。

第六章

黑帽演練與商戰遊戲，化身對手看世界

馬克．吐溫（Mark Twain）的歷史小說《乞丐王子》（*The Prince and the Pauper*），講述了兩個生活在十六世紀的少年。年輕的愛德華王子（Edward）在英格蘭城堡及皇室環境中長大，而湯姆．坎蒂（Tom Canty）是一名貧窮的男孩，他只能夢想過上貴族般奢華的生活。儘管愛德華擁有湯姆渴望的一切物質享受，但身分公開、缺乏自由的生活，還是讓他感到煩惱。

馬克．吐溫在故事中設計的轉捩點，是讓這兩名少年成為彼此的替身，當兩人決定互換身分，去體驗想像中更輕鬆的生活時，他們很快就意識到，現實並非如此美好。湯姆理解了皇室要下決策的重擔，以及來自宮廷內其他成年人的壓力並不好應對；而愛德華也透過湯姆愛酗酒的父親，以及貧困窘迫的生活，了解對方遭受的經歷十分難受。他們雙方都真真實實的體驗了對方的生活。

身為企業領袖，你有辦法像他們一樣嗎？儘管無法跟競爭對手的執行長通電話，請求互換職位幾個星期，但你可以運用一些技巧來模擬對方的狀態。這些技巧源自第二部分的內容，並且在思考中增加了互動的元素。接下來，我們將依序討論這些技巧，首先是「黑帽子」（Black Hat）練習，再來是幾種商戰遊戲的不同版本，還會探討常見的策略練習。雖然這些練習並不算真正的競爭洞察工具，但是非常有助於回答各種競爭策略問題。

市面上有許多關於商戰遊戲的書籍跟文章，我不想再講述類似的概念。我會特別著墨練習商戰遊戲的基礎知識，或是更廣泛來說，我個人會稱之為競爭洞察練習。我在這方面擁有超過十五年的經驗，會從個人經驗出發，談論如何在非軍事環境中練習，除了分享心法與訣竅，還有如何建立正確心態，協助你舉辦出更成功、洞察更豐富的工作坊。（我會交替使用「練習」和「工作坊」兩個詞彙，因為找出競爭洞察不需要特地辦工作坊，就算是輕鬆的坐在會議桌討論正確的問題，也有相同的效果。）

無論具體來說怎麼進行，進行競爭洞察專題研討通常會有三個階段：

1. 設計練習活動。
2. 建立工作坊要探討的內容。
3. 執行活動。

在第一步「設計活動」時，要跟多方利害關係人互動，並回答常見的「六個W」問題：人（Who）、事物（What）、時（When）、地（Where）、原因（Why），以及方式（How）。利害關係人包括工作坊參與者，以及不會參加討論但會利用工作坊成果的人，包括組織管理層（例如資深經理）和基層同事（例如一線工作人員）。沒錯，提出這些基本問題或許看似陳詞濫調，但就是因為十分有效，這個方法才會成為常用的架構！在設計競爭洞察練習的情境時，這些問題對於思考研討內容相關的影響因素非常有幫助。

1. 人（Who）的問題在於，工作坊相關參與者當中，誰需要扮演特定角色？誰會積極的影響組織需要做出的決策？誰會受到決策影響而需要改變行動？

2. 事物（What）的問題包括，我們希望每個角色扮演小組，在這次練習中做出什麼類型的選擇？如果各小組可以隨意提出各種想法，那麼即使討論集思廣益，也不會對結果特別有幫助。另外，如果各小組負責不同的主題，將難以確定每一組對其他人的選擇會有什麼反應，可能會很熱烈，也可能會偏向完全不同的策略手段和決策結果。為了幫助小組討論更加聚焦，可以先列出一條簡短的主題範圍清單。請記得納入「其他」這個類別，以防角色扮演小組決定用標新立異的策略去贏得勝利。

3. 地（Where）的問題在於，小組做出的選擇會發生在哪個地點？參與練習的人員應該解決哪個地區、客戶族群及產業子行業的問題？同樣的，為了讓參與者專注解決類似領域，你需要在事先明確定義好這些問題的範疇。

4. 時（When）問題在於，小組做出的選擇會在何時發生？在現實世界中，你會採取模擬行動的第一個時間點是何時？行動會持續到之後的哪些時期，以及會持續多久，是一季、半年、一年還是更長？持續的時間和時機取決於決策類型。比方說，比起快速消費品的價格決策，大量生產的產品決策所涉及到的時間範圍會拉得更長。因此，你必須定義好決策執行的時機，這樣每個小組才會從同樣的基準點出發。

5. 為什麼（Why）的問題包括，角色扮演小組為什麼要關心模擬決策的結果？這跟決定誰要參與練習有些重疊，不過如果小組成員不在乎，他們應該不太會參與。請思考推動每個角色扮演小組投入練習的策略目標。

6. 方式（How）的問題在於，如何評估參與者之間的互動，以及這些互動如何產生洞察？最後這個的問題會連結至下個步驟：實際演練時會使用哪一套素材？

在「建立研討內容」的階段，你已經透過六個基本問題勾勒出基本框架，接著需要準備工作坊中使用的素材。預先閱讀哪些素材有助於小組進入他們要扮演的角色心態？你希望小組成員填寫學習單來記錄他們的決策嗎？需要建立哪些模型，去評估小組決策在市場落實後的結果？需要準備哪些報告素材？當你踏入實際演練的房間時，一切都要準備就緒，這樣參與者才能專心討論他們需要做出的決策，以及培養你希望他們發展的洞察力。安排妥當之後，就準備好進入下一個階段。

實際花費在「執行」階段的時間，可能是所有階段中最短的，不過在許多面向上，這卻是最重要的步驟。因為舉辦工作坊的原因，就是要交互檢驗每個參與者所做的不同決策，以找出洞察，了解競爭對手在面對特定情況時將如何行動，以及會有什麼反應。

這個階段主要包括角色扮演小組的互動，**小組成員基本上會由組織內部的參與者組成**。如果想**邀請其他組織的人員參加**，請再三謹慎考慮，因為**很可能會讓你暴露在反競爭（anticompetitive）風險中**。如果想邀請外部人員，請諮詢公司內部法務部門。

這階段還包括總結分享的環節。在某種意義上，這是整個競爭洞察練習中最重要的部分。如果在研討期間，沒有分配時間讓團隊討論他們找出的見解，那麼組織內部就得不到學習成效。如果沒有在練習的當天分享結果，參與者可能會帶著各自的想法和結論離去，但是理論上，整個小組在結束演練時必須要有一致的洞察。

或許你會認為，最好等個幾天再進行總結，讓參與者有時間反思整個練習過程，並得出一些結論。不過現實的情況是，**當參與者走出實際演練的房間時，他們會調整回「日常工作」模式，並不會騰出時間思考工作坊帶來的影響**。

正因為如此，**一定要在參與者離場前進行總結**。你可以在工作坊結束幾天或幾週後，進一步根據當時做出的總結，建立初步的觀點。如果你計畫在活動結束後與參與者進行後續對話，請幫每個人分配好主題，以便他們日後好準備討論。舉辦工作坊的整體目的，是為了在應對潛在威脅之前，於組織內部形成對競爭對手行為的一致看法。如果研討之後卻沒有達成初步共識及下一步行動，一個大好機會就被浪費掉了，所有心力都沒有留下紀錄，無法分享大家共創的知識成果。

引導競爭洞察練習的三個階段，想引出的不外乎是一個最根本的問題：你試圖解決什麼核心問題？或者，換句話說，你想達到什麼學習目標？所有的競爭洞察練習都會讓你練習到戰略決策（strategic decision-making），而研究顯示，刻意練習是培養專業技能的關鍵，例如練習特定技能的其中一部分而不是整體，以打高爾夫球來比喻，就是練習推桿，而不是打一輪高爾夫球；若是演奏協奏曲，就是練習曲目中特定的一部分，而不是整首曲子。

但是想「練習」戰略決策沒那麼容易，你要怎麼練習進入市場？或許在你整個職業生涯中，也只有一、兩次機會進入一個新的國家市場，而且在現實中你也無法「練習」，不可能告訴大家忘記剛剛做的一切，假裝什麼都沒有發生，然後重新來過！

競爭洞察工作坊讓你有機會在零風險的環境中練習決策，如果在現實中選擇進入錯誤的國家，你無法喊一聲「重來」就再來一次，因為顧客跟競爭對手不會輕易忘記你做過的決策。要是在競爭洞察練習中進入錯誤的國家，代表你學到了在現實中不應該做出這個決策，顧客和對手不會知道你考慮過這個決定，甚至組織內部的多數人，也不會知道這項決策曾經有可能落實。

不論是進入多個不同的國家市場，或是某個國家內的不同市場，都可以透過競爭洞察研討找出「正確」的決策。練習或許不會讓決策變得完美無缺，但是會比完全不練習要好得多！

你可以在同一次練習中，重複同一個或進行多個不同的決策，不過最好不要這樣做。設計、建立跟執行本章描述的各類工作坊，需要花費時間和資源，如果想利用工作坊來測試所有的戰略決策，你會發現時間都拿來舉辦工作坊了，同時還會耗盡預算。如果想將進入歐洲市場的練習，重新設定成解決進入亞洲市場的問題，雖然可以省下一部分重複的工作，但肯定需要新的內容和修正，例如不同市場可能會涉及不同的競爭對手、市場條件或決策選項等。你要如何找出最需要練習的重要議題？

我個人通常會用以下原則篩選：哪些決策會讓你擔心到睡不著？你是否擔心競爭對手會在你進入新市場時出手阻攔？或是擔心如果投資開發新產品，對手會搶先推出新品，或迅速模仿你的產品，來減弱你的銷售量？如果有人拿著筆在你的解僱書上晃動，威脅說如果你不做出選擇就會被解僱，什麼樣的選擇能讓你放膽的說「就簽吧」？這些關鍵且具有挑戰性的決策，就是你應該練習的議題，這麼做能夠降低一些不確定性，讓你能安心入眠。

有人會主張應該從你極具信心的決策開始測試，以確保不會忽視了某些會毀掉這個想法的市場力量或競爭者。我不贊成對這樣的決策項目做更多競爭洞察練習，因為這樣做可能會在決策中滲入不同的偏見，比如確認偏誤。此外，這種決策練習可能也無法改變太多認知想法，最終會讓組織內其他人認為，這樣的練習不過是浪費時間。

然而，偶爾對相對肯定的決策進行壓力測試可能是有用的，而後面討論的精簡版商戰遊戲會是可以採用的手法之一，不過要有選擇性的使用。整體來說，不是每個決策都需要經過競爭洞察練習，否則這種練習將失去作為決策工具的影響力，要有意識的選擇在哪些時刻，以及用什麼方式應用競爭洞察練習。

最後一個建議就是保持真實！**競爭洞察練習是個模擬的過程，因此越接近現實世界越好**。使用既有的練習和標準化的模式當然更容易、更省時，但是這麼做往往會讓團隊學到的東西流於籠統，像是「哇，所以如果我們大幅提高價格，其他競品會嘗試用更低的價格搶攻市占率」。但如果是經過深思熟慮的練習而學到的教訓，則更不容易輕易忘記。請讓你的團隊面對他們在現實世界中會遭遇的抉擇與情境，而不只是在某些假設好的情境中。

現在讓我們來探討幾種競爭洞察練習的細節，這些內容不是要取代前幾個章節的框架，而是會在你設計、建立和執行工作坊時派上用場，就讓我們從黑帽演練出發。

黑帽演練：模擬特定情境單一對手如何決策

在二十世紀以美國西部為背景的電影中，通常會讓好人戴白色帽子，壞人戴黑色帽子。在黑白電影和電視時代，這對於理解哪個角色屬於哪個陣營非常有幫助，尤其在高潮的槍戰場景中。由於這種分類後來演變成標準做法，編劇和導演便開始會在故事發展初期，讓好人戴黑帽、壞人穿白帽，如此一來觀眾就猜不到誰會獲勝（好人獲勝了！驚訝吧！）。直到今天，這個口訣仍然存在：好人戴白帽，壞人戴黑帽。

黑帽演練是一種競爭洞察練習，幫助你不再只是看到競爭對手的舉手投足，而能真正化身為對方的大腦思考（按：原文為 walking a mile in their shoes，俗諺，指設身處地，此處以穿鞋模仿行為對比戴帽子揣摩思考）。競爭對手是跟你爭奪市占率及消費者關注的敵人，是傷害你組織的壞人。那麼，從他們的角度看世界是什麼感覺？這聽起來很像第一章中提到的框架，也確實如此，只是黑帽演練是建立在持續理解競爭對手思維的苦工之上。

黑帽演練聚焦在你正面臨的特定策略情境，例如你計畫有新產品要進入市場、競爭者潛在的進入可能，或者政府法規的變化。黑帽演練最簡單的進行方式，就是聚焦扮演一家競爭對手，分析他們將如何應對競爭局勢。我在下面可能會談到在研討中加入其他組織，比如其他的競爭者或是你自己的公司。但是請別忘記，黑帽演練不一定要包括其他對象，你可以把整個練習聚焦在扮演好一個關鍵競爭對手就好。

在黑帽演練中，你將扮演競爭對手，模擬他們的行為模式。他們會採取強勢的態度嗎？會啟動哪些行動機制？有沒有辦法應對這種情況？你可以評估對方會做出什麼反應，或是自然採取哪些行動。相較於第三章和第四章中所建立的整體策略觀點，黑帽演練更深入探討對手可能採取的具體策略。你還可以在練習中納入其他競爭者跟你自己的組織，並且想辦法回答這個問題：「我們認為競爭對手 X 可能會搶攻南美洲市場，如果他們成功進入市場，我們進行角色扮演的團隊，要怎麼做才能阻擋對方的勝利？有沒有辦法從一開始就成功阻止他們進入市場？」

● 設計練習活動

黑帽演練的整體設計是為了回答以下問題：

1. 除了主要競爭對手，還有誰會戴黑帽？我們是否也要在這次練習中扮演他們？
2. 團隊可以選擇執行哪些類型的策略？
3. 我們要集中討論哪個地區、哪些顧客族群，還有哪個產業的子行業？
4. 團隊決策何時會在市場落地執行（或至少公布）？
5. 黑帽演練的競爭對手為什麼會考慮這個戰略決策，他們的目標是什麼？市場其他企業將如何看待他們的潛在行動？

上述問題沒有提到「如何做」，是因為黑帽演練不需要對市場結果進行正式評估。大多數情況下，演練只涉及探討一家競爭對手的心態和潛在策略，而單一企業的決策並不足以形成市場模型，因為不確定其他的市場參與者會如何決策。

相反的，在後續討論中，黑帽演練的參與者會簡單評估對手的策略選擇是否有效，以及會如何威脅自己的組織。假設存在多個競爭對手，或是練習中包括了自己的組織，你還是會在沒有模型的情況下，評估每個團隊決策的效果。如果要對市場結果進行正式評估，你應該要執行商戰遊戲，黑帽演練比較著重策略層面，而不是戰術層面，因此你可以選擇不理會對手成果上的細節。接著很快就會提到要如何進行演練，以及產出有影響力的洞察。

● 建立要探討的內容

為了提供參與者有助於研討的素材，你需要打造以下內容：

1. 一份產業資訊手冊，確保所有參與者都有相同的理解基礎，如果不同小組採用不同假設，那就會浪費時間。舉例來說，如果一個小組假設平均價格不斷下降，而另一個小組假設價格持續保持穩定，那麼研討的結果將無法反映現實世界的決策，你也無法實現學習目標。資訊手冊需要囊括所有關於市場的訊息，例如市占率、平均價格、客戶分群、需求增長、重要政府法規及技術變革等。

2. 一份角色扮演的資訊手冊，如此一來小組做決策時會有事實依據。扮演競爭對手的參與者，通常會假設他們能力過強，這也是為什麼會被稱為黑帽隊伍——因為你似乎無法打敗他們；抑或是假設他們完全無能，意思是他們不是你，所以他們的能力不如你，否則角色扮演小組內部會對自己的能力程度看法分歧。

針對每個小組，請使用第一章提到的內容來評估以下問題：他們的目標是什麼？在關鍵指標上，他們過去的表現如何？他們過去在團隊要研究的層面上做過哪些重要決策？高階管理層的組成背景？請提供事實依據，確保各個角色扮演小組對競爭對手可利用的資源、資產和能力有一致的認知。提供每個小組各一份資訊手冊，包括扮演你組織角色的小組（如果你本身的組織有包括在內）。這件事不能馬虎，**不要以為代表你公司的小組每個人，都會清楚關於組織的事。把資料用文字記錄下來，可以確保所有人都有相同的理解基礎**。

3. 準備幾個跟討論主題相關的情境，而角色扮演小組必須對其作出反應。例如，產業預期發生的兩個潛在變化、你的組織所提出的對策，或者是政府重要法規即將出現的變動等。

4. 提供所有小組使用的公用範本，給予小組足夠空間記錄下每個面向所使用的策略，例如價格、客戶分群、產品組合、研發投資、行銷費用等。這並不是要限制小組，而是要幫助引導小組聚焦在相關面向的決策。如果需要的話，記得在範本中放進「其他」類別，以納入創新的想法和點子。

5. 訂定好議程，確保所有安排都能準時進行。關鍵要素包括活動簡介、每個情境的時間安排

（包括分組討論和全體討論）、休息時段（例如喝咖啡、吃午餐），以及結束後的總結環節。

前兩項（產業和角色扮演資訊手冊）最好在工作坊開始前幾天就提供給所有參與者，以便他們有時間閱讀消化內容。不過如果預留太多時間，參與者可能就不會閱讀素材了。每個人都應該會收到一樣的產業資訊手冊，內容包括市場狀況的公開資訊，但是只會收到自己在研討中模擬扮演的組織，相對應的角色扮演資訊手冊。

請不要將所有角色扮演資訊手冊發給每位參與者！這些文件提供了每組團隊可以運用的「私人」資訊，即便其中有些是來自公開可得的來源。請注意，這並不包括間諜或非法活動！理論上任何人都可以取得這些資訊，不過實際上，到了本書的這一章節，我們知道大多數公司都不會花時間對其他組織進行綜合評估的研究。

假設其他參與工作坊練習的小組，並沒有角色扮演組織的完整競爭洞察評估，那麼扮演競爭對手的團隊也不應該有這種優勢。不僅如此，如果將所有的角色扮演資訊手冊發給每位參與者，那麼工作坊將變成，每個組織根據其他競爭對手的情況自我升級的練習，這並不符合現實世界的運作方式，因為你無法控制所有其他競爭對手。

如果你不認為參與者會事先閱讀這些資料，可以在研討的一開始額外安排時間，讓參與者在小組房間先閱讀資料。

● 進行演練

在為期一天的演練中，開頭就要確定練習目的，如果有足夠的情境和變化需要測試，也可以選擇演練兩天。接著，讓參與者在四十五至六十分鐘內完成分組，進入各自的小組房間，討論如何利用你所分配的戰略或手段，去應對當前面臨的問題，包括產品組合、價格、行銷支出、合作夥伴。需要花多久時間討論，取決於你希望他們做出的決策數量。價格、產品組合和銷售通路的決策，通常花費的時間比較短，如果小組還需要確定廣告支出、新產品開發以及合作夥伴，則會需要更長的時間。

如果小組扮演的是一間正在考慮行動的競爭對手，比如，有傳聞對方計畫進軍你所經營的領域，或是推出一項全新的產品或服務，那麼這個小組將會討論，如果是他們經營這間企業，會如何採取這些行動。同時，扮演你們組織的小組則會在自己的房間裡，討論這家競爭者將如何進入市場，需不需要削弱對方的行動，以及要如何進行。其他小組則討論其他競爭對手會採取的行為，會扮演互補財廠商、平臺合作夥伴、監管機構、重要客戶或經銷商等。

在所有小組都制定好策略計畫後，便將大家集合在全體會議中。每個小組都會宣布他們的計畫，讓工作坊參與者評估市場，和對自己所屬組織產生的影響。所有小組發表完畢後可以互相提問，探討在策略描述中可能被省略的假設和面向。比方說，假設扮演你公司的小組決定要降價，以保住競爭對手進入市場後的市占率，當競爭對手小組宣布他們的計畫時，可能沒有提到價格，扮演你公司的小組就應該詢問對方的產品定價。

這個時候不需要討論每個小組「為什麼」做出這個抉擇，不要明白攤開各小組背後的目標，或具體計畫的動機，應在演練結束時才深入探討決策背後的原因。如果你提前討論，在後續的練習場面，各小組將不會再去思考他們的決策，因為所有人都知道對方會採取什麼行動、行為背後的驅動力為何，這樣他們就能在後續回合中對抗其他人。

當小組討論完第一項計畫後，你可以加入一個新的情境。例如，可以要求小組再次考慮進入公司的核心市場，但是新的假設是當地經濟正處於衰退中。接著小組會在他們的房間討論四十五到六十分鐘，探討在新的限制條件下將如何進攻市場。然後，大家會再次聚集在全體會議中，宣布他們的決定並且進行討論。

在分析完所有設定好的情境之後，小組會繼續留在會議室中，討論其影響並進行整體總結。我喜歡用下列三個問題展開這個階段：

1. 小組目標是什麼？
2. 不論是作為這個組織，還是整個產業的一分子，就你今天所扮演的角色，得到最有趣的洞察是什麼？
3. 關於你的角色或產業，如果想找出更棒的觀點，有哪些還不清楚、需要釐清的事情？

換句話說，你想達到什麼目標？透過這麼做你學到了什麼，還有哪些尚未解答的問題？每次工作坊結束前的總結階段，應該要留有足夠的時間綜合討論學習成果。不僅如此，在這個階段應該還要歸納出「下一步」怎麼走，蒐集更多資訊，探索可行的策略替代方案，並將觀察到的洞察分享給組織的其他成員。我通常傾向在結束研討時，保留至少一個小時來進行總結討論。無論你留了多少時間，請確保在舉辦工作坊的當天進行總結，因為一旦參與者離開活動，他們很快就會忘記當天得到的洞察。

● 一次設定一組競爭對手就好

接下來我將描述一家消費性電子產品公司客戶舉行的練習，作為黑帽練習的例子。

有跡象顯示，一間大型跨國競爭對手可能會進入他們當地市場，不過該公司目前並未在此地區銷售這個特定產品。客戶組織內部有些人認為，競爭對手並不打算進入市場，因為對方還沒有這麼做，而即使真的這麼做了，他們也能贏過對方，並且阻止大規模影響市占率的情況發生。然而，隨著事情發展，客戶也了解到儘管他們信心滿滿，這家跨國公司還是很有可能會進入市場。

競爭對手所做出的市場進入相關聲明，和客戶團隊在決策模擬練習中，扮演競爭對手所採取的行動一致，這些行動包括建立供應鏈和銷售通路，來強化市場進入力道。客戶團隊在研討中，針對市場新進者的初步對抗策略提案顯得過於自信，讓他們確信自己將阻止對手大量搶奪產品市占率。然而，在宣布第一輪計畫的全體會議上，客戶意識到，他們的努力對新進入者毫無影響。事實上，客戶的行為甚至有可能為對手打開進入市場的門路，而這些門路在其他情況下可以保持關閉。

在結束討論時，客戶得出的兩個主要洞察是：「競爭對手幾乎可以肯定會進入市場，還會在進入市場時構成巨大威脅。」以及「難道我們不能著手進行競爭對手團隊要執行的計畫嗎？我們和行銷、業務還有營運部門討論一下，看能不能搶先預測並阻止對方行動！」

第二個客戶是消費品包裝產業公司，客戶提出希望能幫忙釐清，他們一項導入新技術的市場進入規畫，是否存在任何漏洞，因為他們陷入了一個常見的錯誤觀點：「因為我們推出一個超級酷炫、性能更優越的產品，肯定會在市場上贏得勝利。」對此我們舉辦了一個工作坊，當中扮演客戶兩個主要競爭對手，還有一些可能對市場產生顯著影響的新進入者。

競爭對手團隊決定降低價格、調整廣告策略、與大型零售商簽訂長期合約，並對產品標準稍作微調，而這些行動將大大影響我們客戶的預期收益。

兩個扮演競爭對手的團隊，不斷詢問他們是否可以合併，但我們決定反對此舉，主要是為了讓所有參與者持續投入整個練習。最終客戶得出的結論是，他們必須更確實追蹤競爭者的行為，以了解他們傾向採取哪種可能的反應。他們還意識到，需要先發制人採取行動，去削弱潛在競爭對手行為帶來的影響。有了演練時花費的苦心，當市場上的兩個對手在現實世界中真的合併時，客戶也就不那麼驚訝了。此外，他們還能利用結構化流程來評估，對手的合併對即將上市的產品有什麼影響。

最後想給一個建議，在黑帽演練時，我通常不建議同時讓多組團隊扮演相同的競爭對手。或許這看似是獲得不同團隊對同一家公司看法的好方法，但是實際上只會出現下方風險（Downside risk）。如果團隊提出了不同的策略抉擇，你會對該採用哪一個感到困惑，這也代表你還沒做足功課，請使用第一章的框架來獲取競爭對手相關資訊。假如團隊提出相同的建議，那麼其他小組會有浪費時間的感覺，因為這段時間可以拿來發想另一個組織的洞察。唯一可能有產出的情況，是在進行紅隊壓力測試演習時，這部分會在本章結尾談到。

黑帽演練是個模擬市場中其他對手思維的好方法，不用大量的前置作業，就可以從另一個人的角度來看待這個產業。與其坐下來討論你希望產業未來如何發展，這種工作坊運用更實際的角度去探討產業可能的發展。黑帽演練也可以當作商戰遊戲的前置活動，因為能夠幫助團隊理解在角色扮演任務中所做出的最佳決策。接下來，就讓我們來討論商戰遊戲類型的練習。

商戰遊戲：宏觀整個產業的策略行動

如果黑帽演練無法對競爭對手做出足夠的洞察，下一步就是進行商戰遊戲，這個概念是從軍事應用延伸至商業領域的。

幾個世紀以來，軍隊都在利用模擬的方式，於實際交戰之前了解戰役可能會如何進行。軍戰遊戲會是一個國家（以及該國盟友）分裂成兩個隊伍，分別扮演自己和敵軍。雙方都會收到指示，註明自己能夠運用的資產和資源，就像本書第一章提出的框架第二步，以及戰役即將發生的時間和地點等背景資訊。接著，他們會進行一場模擬戰役來測試不同的戰術，通常不會使用實彈。應該要從正面還是側面進攻？是分階段前進還是一次全部進攻？敵人將如何部署調動他們的坦克和直升機？是不是取決於我們的進攻方式？在實地演習結束後，軍隊領袖會詳細確認哪些戰略有發揮作用、哪些沒有，還有可以如何調整讓效果更好。

基本上商戰遊戲的邏輯相同，你跟競爭對手是參戰者，其他利害關係人則扮演輔助角色。市場就是你們競爭的戰場，而你可以運用的資產和資源包括產品組合、生產設施和合作夥伴等，戰術則包括定價、行銷、創新和研發，以及營運效率等項目。

有些專家認為，商戰遊戲的概念已經過時，因為商業並不是一場必須擊敗對手的殘酷競爭，但這對於商戰遊戲是種非常狹隘的理解。**商戰遊戲的核心是模擬練習，讓組織有機會先在零風險的環境中專注戰略決策練習**（有時也包括戰術決策），接著才在現實世界中實現這些決策。

請注意，在商戰遊戲的定義中，並沒有用到「競爭對手」一詞。由於徹底理解這個名詞相當重要，現在讓我們來仔細探討各種定義中的用詞。

1. 模擬：代表你並不是在現實中做出決策，而是正在重現一個盡量貼近現實世界的環境。
2. 組織：這裡的組織可以是軍隊（遊戲的起源）、以營利為導向的公司、非營利組織、社會團體、政府機構、大型跨國企業、在地新創公司，或是產業協會。商業戰爭遊戲適用於任何類型的組織。

3. 聚焦：會限制可以做出的決策選項，而不是列出公司所有可能的選擇，例如定價、行銷支出、客戶分群、倉儲、經銷合作夥伴、地區等。

4. 練習：世界一流的專家會投入數千個小時刻意練習來磨練技藝[1]。然而不湊巧的是，你無法透過日常工作來「練習」商業決策，因為你是在現實世界做出選擇，代表無法限制要在何時、何地以及如何做出這些決策，以便反覆練習。數千個小時意味著花費多年練習相同的決定，在大多數組織中，經過這麼久的時間，通常要不是已經晉升（這樣的話你會開始做出新的決策），就是已經離開組織。

5. 零風險：如果你在商戰遊戲中，做出了可能會使整個公司破產的災難性決定，也只有房間內的人知道。投資者不會知道，競爭對手不會知道，組織內的其他人也不一定會知道。在這種情況下，做出糟糕的決策不會產生任何後果——除了極具價值的教育意義。

商戰遊戲讓你有機會練習一系列商業決策，尤其是針對組織所面臨的關鍵不確定因素所帶來的風險。就像網球選手小威廉絲（Serena Williams）會練習發球、截擊，還有反手拍一樣，先專注練習一項技能，結束後再換下一項，以模擬比賽的情況進行練習。理想狀況是，不同類別的技能最好分開練習，先是行銷、營運，再來是產業策略。

如果小威廉在練習吊球或反拍切球時犯錯了，溫布頓網球錦標賽的主辦方不會取消她的出賽邀請。同樣的道理，商戰遊戲中出現不好的結果不會讓你被解僱，但是練習過越多次，在市場上面臨不確定因素的情況，需要實際做出決策時，你就會做得越好。

商戰遊戲也有助於測試在黑帽演練中習得的新技能。可以把黑帽演練視為商戰遊戲的第零步：辨識出競爭對手是誰，以及對方為什麼會採取這些行動？請記住，黑帽演練適用於互補財廠商、平臺合作夥伴、監管機構、經銷商、顧客或供應商。而在商戰遊戲也是如此：只要是會影響到你的公司，並且同時會受到你公司直接影響的產業參與者，無論是哪種類型的組織，都可以納入遊戲練習。

剛剛我們討論了商戰遊戲的概念，現在讓我們來探討如何付諸實行。商戰遊戲主要可以採取兩種形式，我們會先從比較傳統的形式談起。

形式完整、仿軍事作戰的後勤活動

就像軍事戰爭遊戲，把組織分成代表自己和其他利害關係人兩個小組，比如競爭對手、供應商、經銷商、平臺合作夥伴、監管機構等。這些小組的任務，是進行一系列的抉擇，並且達成特定目標。他們都被要求在特定的層面上進行抉擇，然後整併這些決策，相互評估以確定市場結果。基於遊戲起源於軍事的精神，通常大多數商戰遊戲會設有大量的後勤支援，以及正式且結構化的抉擇與評估方式，包括：

1. 工作坊中代表每個組織的小組獨立房間
2. 提供各小組記錄每一輪決策的範本
3. 計算模型，協助小組做出決策
4. 各自獨立的計算模型，用來評估決策結果

商戰遊戲可以聚焦探討戰術面的選擇，例如：具體的價格水準、產品屬性、行銷支出分配、個別銷售通路。然而，實務上通常會更專注討論策略面的抉擇，比如定價策略而非具體價格水準、商業模式結構、大範圍的市場區域、產能調整。無論練習想達成什麼目的，工作坊都需要遵循上面提到的三個步驟：設計、建立和執行。

● 遊戲設計

遊戲設計要從對結局的想像開始，就像我們在黑帽演練中看到的那樣。這次的學習目標是什麼？你希望組織從演練中獲得哪些資訊？如果想找出這些問題的答案，可以使用一些先前提過的「簡單」提問來尋找，像是我們前面曾經對負責演練的部門高階主管提出這個問題：「讓你睡不著的那個決定（或那組決定）是什麼？」

具有重大下方風險的大型決策，可能會對領導者的職涯產生毀滅性的影響，加上各個業者之間，存在許多不確定因子與複雜的交互作用，而且在黑帽演練中，你沒有機會探索這些業者間的

相互依賴性，因此大型決策非常適合用商戰遊戲評估。這些決策剛好也是多數領導者認為，自己無法輕易解開的難題，部分原因是大家很少需要做出這類決定，可以練習的機會不多。

確定學習目標之後，你就可以往前推導，要做出的一系列決策為何，並確定哪些決策選項可以帶來學習成效。以下是一些可以提出的問題範例：

1. 我們是否需要考慮各個競爭對手的定價所帶來的影響？
2. 要使用哪些經銷通路？
3. 行銷預算如何支持這些選項？
4. 創新型的產品能否改變競爭結果？

以上這些問題的答案，就是商戰遊戲中各團隊要激烈討論並做出決策的選項。

接下來與黑帽演練類似，你必須考量市場上有哪些情況會對這些決策形成限制：

1. 這些互動會在哪個地區出現？
2. 這些決策選項會在什麼時間點下發揮影響力？
3. 這些互動模式是否對特定的顧客群來說相當重要，卻又讓人難以預測？
4. 同樣的，哪些產品與服務受到競爭動態的影響最大？

這些市場條件可以拿來當作商戰遊戲的背景，而各個選項則是遊戲參與者在演練期間要採取的行動。你還必須決定參與者有多少時間可以採取行動，以及遊戲總時長有多久。

這其實就是所謂的「應用賽局理論」（applied game theory）。我知道賽局理論在商界的名聲不佳，幾十年來，它一直被當成能提供策略洞察的工具，但領導者認為它沒有兌現承諾。貝恩顧問公司（Bain & Company）每年兩次的管理工具和趨勢調查（Management Tools & Trends），曾將賽局理論列為頂級工具，但在過去十年中，賽局理論甚至沒有躋身該公司調查結果的前二十五名[2]。我認為這有兩個原因：

1. 高階領導者認為，賽局理論只是「囚徒困境」（prisoner's dilemma）。幾乎每個接觸過賽局理論的人，都研究過囚徒困境（我說「幾乎」是為了對沖我的賭注，因為我打賭每個讀過這本書、研究過賽局理論的人都知道這種賽局），但問題是，囚徒困境是一種非常特殊的賽局，它無法反映現實世界中的所有狀況！

囚徒困境是參與者要同時做出選擇的賽局，大家有相同的選擇和目標，彼此合作雖然比較好，但他們又不得不「背叛」對方。囚徒困境適用於某些情況（例如價格戰），但不適用於參與者按順序輪流出招的遊戲類型。在參與者各有不同的目標、策略選擇，或即使合作也無法取得最佳結果時，它也不適用。若想要將每一種策略情境硬塞進囚徒困境的討論框架中，那麼注定會帶來失敗。由於大多數的領導者認為賽局理論等同於囚徒困境，因此他們通常會對賽局理論感到非常失望。

2. 如果領導者確實擺脫了囚徒困境，那他們通常會請來學術界的賽局專家，協助分析公司的處境。雖然我知道學術界針對賽局理論做出了優異的分析，並提升了我們對策略互動的理解，但他們不一定是最擅長在現實世界中應用該理論的人。學者通常會先假設出遊戲的結構，然後展示解決方案是什麼。但在現實世界中，你無法對你正在玩的遊戲預先提出假設，你要做的是弄清楚正在玩的究竟是什麼遊戲。

商戰遊戲這樣的應用賽局，要如何克服這些問題？首先，沒有人會以囚徒困境來進行商戰遊戲。花一整天的時間和許多人一起模擬囚徒困境，算不上什麼有趣的事，特別是我們已經知道結果會是什麼了。而且更重要的是，設計商戰遊戲就是要定義你所玩的賽局內容。它會迫使你的組織以系統性的方式描述賽局架構，讓它比預先設計好的現成遊戲更有效果，因為現成的遊戲會做出一些與你們公司無關的假設。

賽局理論在思考策略互動時非常有用，而這也是最初設計這個理論的目的！純理論學家提出五個假設（下個段落詳述）接著解決賽局，而實際應用、或說現實世界裡的賽局理論家，則必須定義出這些不同的面向。隨著商戰遊戲持續進行，「解決方案」將會變得更加明朗。下列五個關鍵問題，與我們在第三章看到的一樣（當時是要分析競爭對手將如何做出回應）：

1. **參與者有誰？**會進行互動的組織和團體有哪些？例如在美容護理產業中，參與者可能包括萊雅集團（L'Oréal）和MAC，也可能包括雅芳（AVON）和絲芙蘭（Sephora）；如果是要推出新產品，那參與者甚至可能包含監管機構。

如果你認為競爭對手都會以相同的方式行事（即做出相同的選擇），那就不需要有多個競爭對手。若比較一下讓團隊進行角色扮演的成本與效益，會發現多找幾個團隊加入，並不會因此獲得更多的學習機會。我們要選擇的競爭對手，是那種行為與其他人不對稱的對象。**每個角色扮演團隊應有三到六名成員。如果少於三個，通常不會有任何討論；但若是超過六個，往往就會由某個人主導討論，而這也會減少互相辯論的機會。**請依據你可以（而且想要）邀來參加商戰遊戲的人數，決定每個團隊的人數。

2. **他們想要什麼？**各參與者分別想達成什麼目標？這裡我們可以運用第一章的框架，思考一下不同的參與者想做的是什麼。他們的目標可能是利潤最大化（從此處開始是個明智的選擇），卻可能比較關注市占率。他們追求這些目標的時間點可能有所不同，或者可能會追求其他非財務類的指標。

3. **他們能做什麼？**各參與者分別有哪些選擇？每間公司都可以選擇拉動各種槓桿：定價、行銷支出、研發（例如產品或流程創新）、產能、合作關係等。找出參與者在現實世界中可以實際執行的選項，把它們放入商戰遊戲當中，不要放一些理想化的選項。

請確保你有為各個團隊提供多個選項，否則他們就只會選擇你給出的唯一選項，這就可能會影響你的分析洞察。例如，如果他們只能選擇提高價格，那他們就會提高價格，而個中原因通常很簡單，因為不這麼操作的話，他們就會覺得遊戲沒事做，很無聊。

4. 他們知道些什麼資訊？ 遊戲的選項也會受到產業類型和政府規則的限制，以及每個參與者對這些規則和整體商戰的了解，這是下一個要討論的議題。

遊戲規則可以延伸加入有關整場遊戲和每個參與者的所有資訊，包括每個參與者對遊戲本身和其他參與者的了解程度。政府的規定顯然是必須遵守的規則，例如在多數國家中，企業不能和競爭對手討論定價。遊戲規則包括定義參與者在何時可以做出行動（例如可以同時行動，或者得要接續行動），以及每個參與者對他人可行使的選項了解多寡（例如，是否看到他們的實際價格、近似價格，或只能看到自己的市占率變化）。

5. 他們能得到什麼？ 每回合結束時，各參與者會獲得何種效益？在本質上，效益會與參與者的目標有關。如果一個團隊試圖要讓市占率最大化，他們的效益估算應該要以市占率為評估依據，而不是衡量利潤多寡。

遊戲規則也會影響效益，例如各產業的顧客比價方式不同，因此在市占率的比例分配上也會有所差異。顧客有時比價看的是絕對價格間的差異，有時則會進行相對價格的比較。在某些產業中，價格差異的影響有一定程度的上限，進一步降價並不會帶來更多的市占率成長。在某些市場中，品質差異可能會抵消任何價格差距帶來的影響，而在其他市場中只會緩和價差帶來的效果。無論業界規則如何影響市占率分配（規則也會稍微影響計算利潤的方式），我們都需要備妥詳細的計算規則，才能讓每個參與者都能判斷，他們所追求的目標可以帶來多少回報。

舉個例子，某家醫療保健公司正在考慮收購某一州的服務供應商。商戰遊戲裡的問題，不是「競爭對手將如何回應」（這個問法太過模糊、抽象），而是「這會如何影響我們與付款人和其他供應商的談判，又將如何影響其他州的競爭狀況？」

我們設計了一項練習，讓客戶和競爭對手這兩個團隊，同時與付款人和其他供應商（例如醫生團體）進行談判。然後，我們為各團隊提供一個角色扮演牌組，裡面包含他們的目標（在本案例中是各種獲利能力和市占率的排列組合）。這兩家供應商要做的決策有：要建立哪些醫生社群網路？要著重哪些服務？要在哪些州別競爭？

為了達成學習目標，我們選了三個州來競爭，一個是客戶影響力較大的州別、一個是競爭對手影響力較大的州別，以及一個雙方實力不相上下的州別。然後，付款人和醫生組必須選擇，要與哪家供應商合作並進行交易。各個小組都知道一些他人可行使的選項資訊，但他們不會拿到完整詳細的資訊報告，因為在現實世界中，要準確了解其他人的實際決定很花時間。等所有談判都結束後，每個參與者都會收到最終的市占率和獲利成效報告。

這款商戰遊戲讓客戶達成了以下的學習目標：了解誰能拿到最好的生意，且更重要的是，最好的生意所指為何？對方會對什麼行為做出回應？我們要如何得知競爭對手會提供什麼產品？還有，要以什麼順序接洽付款人和供應商才正確？

這不是一款現成的遊戲，這整個過程其實就是「應用賽局理論」。整個設計的過程，都基於產業現況和組織實際面對的情形來設計，目的是要盡可能複製現實世界的狀況，以達到最佳的練習效果。在策略互動（strategic interactions）舉足輕重時，也很適合採用這種做法，因為沒有焦點團體（focus group）可以評估競爭對手可能如何行動，而且如果你只是單純要求組織內的個人去預測對手的行為，而不是進行角色扮演，他們通常會預設立場，認為「對方不會構成威脅」，或「對方太不理性所以無法預測」。

● 建構遊戲

打造一款商戰遊戲所需的時間，取決於幾個不同的因素。就像世界上沒有一體適用的遊戲設計模組一樣，建構一款遊戲的時間也沒有一定的標準，但有一些關鍵元素需要加入遊戲當中，就像黑帽演練裡需要用到的那些元素一樣。

1. 角色扮演資訊手冊：這些資訊手冊與黑帽演練裡的內容相同。請只分享給扮演該角色的特定團隊。
2. 業界資訊手冊：這也與黑帽演練的資料手冊相同，只要是在遊戲中做決策時需用到的資訊，就應該包含在手冊中。如果該資訊沒有幫助或不相關，就請忽略（這點也適用於角色扮演資訊手冊）。

3. 每個人都需要以相同的事實基礎進行商戰遊戲，只有一種例外，就是你確信不同的角色在現實世界中會持有不同的信念。如果是這種情況，請將預先規畫好的假設事項納入該組別的角色扮演牌卡中。

4. 決策範本：這些範本也與黑帽演練相同，這是各個小組在每輪遊戲結束時，要完成並提交的內容。

5. 決策用的計算工具：這是一個財務預估試算表，可協助各團隊進行基本的損益計算。遊戲參與者將決策範本中的資訊輸入電子試算表中，便可估算出利潤、市占率和其他基於目標而生的指標，以幫助各個團隊做出決策。你應該預先設計好這個試算表，讓參與者可以把時間用在討論決策上，而不是拿來算數學。

6. 議程：要確定整個工作坊需花費多少時間，首先須決定要舉行幾場商戰遊戲，以及各個遊戲的每個回合需時多久。大多數的商戰遊戲需要進行一至兩天，如果少於一天，則只能進行一場遊戲，這樣才有足夠的時間收尾和討論；如果超過兩天，則可能讓參與者覺得研討太過冗長。

商戰遊戲比黑帽演練需要的時間更長，因為黑帽演練的各種情境都只有一個回合。我們後面會看到，每場商戰遊戲都包含三個回合，總共可能需要半天或更長時間才能完成。而每個黑帽演練的情境，則大約需要一個半至兩個小時來進行，其中包括各四十五到六十分鐘的分組討論及全體討論。

7. 主持指南：身為協助客戶執行該遊戲的顧問，我們經常會讓公司成員與各個角色扮演團隊坐在一起，另外還有其他人會四處走動，協助工作坊運作，並確保遊戲能順暢的進行。如果你打算請人協助這些工作，那就應該列出基本的運作規則（例如不要幫角色扮演團隊解決問題，而是要提出可供探究的問題來引導他們思考）。

如果你的組織想聚焦在更具戰術意義的層面上，並測試一組特定的選項，那就需要打造一個電腦模型。該模型要能接收各團隊針對手中選項所做出的指示，並根據各組關注的指標評估結果，例如市占率和獲利能力。需運用到電腦模型的遊戲，通常要六到八週的時間來建構，取決於程式設計的複雜度。大家往往希望讓模型越詳細越好，但請克制這種想法。模型應該遵循這個簡單的設計公式：

1. 定義遊戲參與者要做出的選擇為何。
2. 定下評估遊戲參與者成效的指標，指標要和欲探討的情況有關。
3. 建立連結上述兩點的模型。以上就是全部的工作了。

過於複雜的模型會給人精確的印象，但事實通常並非如此。現實情況是，你一定會在計算和假設的過程中犯下無意的「錯誤」，卻又會對結果產生一種錯誤的確定感。建立模型並做出預測是完全可以接受的事，但預測結果一定要備註上一定程度的不確定性。如前所述，商戰遊戲本質上是要評估不確定的局勢，而不是去評估會有精確、可預期的結果的情況。

除了使用電腦模型來推估結果，還有另一種做法，是請專家小組來評估團隊提交的內容，並根據專家們對市場的了解來衡量成果。專家小組應包括三到五名成員，這樣他們才能對結果進行熱烈的討論和辯論，從而避免潛在的偏見。

對於不易使用電腦模型的質性遊戲，專家小組也特別有用。我帶過一些由專家小組評估結果的遊戲，他們會對各參賽團隊的選擇給出加、減兩種符號，代表各行動所帶來的相對影響，而那些加號最多、減號最少的組別即為獲勝團隊。

最後，你需要決定商戰遊戲的場次數量，和每場遊戲的回合數，透過以下的範例和左頁圖表6-1，可以更清楚的了解這一點。

假設你正要評估，公司要以何種策略，進入目前尚未開展業務的國家或地區，及如何增長業績，可能得評估在該國經濟以當前速度，或三%以上的速度成長時，要如何進入該國市場；也或者你得評估，只和在地競爭對手較勁，以及同時與在地對手及其他想進入該地的跨國企業競爭時，分別會遇上何種狀況。

每個情境都是一場獨立的商戰遊戲，遊戲涵蓋的時長相同，核心選項基本上也都一樣（但要根據每個情境做一些微調）。

每場遊戲都會有很多個回合，每回合所涉及的期間長度都相同。（根據我的經驗，三回合的遊戲可以得出最佳成效。各個團隊會在第一輪中做出選擇，在第二輪會對其他組別的行為做出回應，而第三輪則進一步回應上一輪中其他團隊的行為。）在這種情況下，你的第一輪可能會涵蓋接下來的六個月，第二輪重點關注第七到第十二個月，第三輪則著重第十三到第十八個月。

每回合的長度，取決於團隊必須做出的選擇數量和複雜性：選擇越多、狀況越複雜，則需要越長的遊戲時間。通常可以先抓一到兩個小時，但也可以在開發遊戲時，先邀請一組團隊來試玩，藉此進行壓力測試，看他們能否在這段時間內完成所有的決策。（我會將每回合的時間，設定在比輕鬆做出決策所需的時間還少個五到十分鐘左右：我希望

圖表 6-1　設計商戰遊戲的範例流程

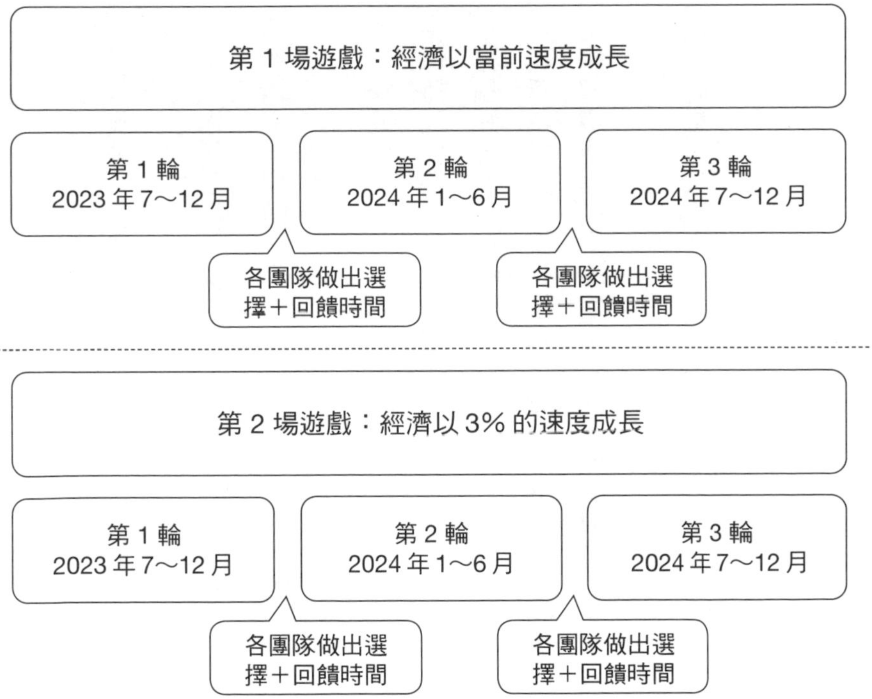

遊戲參與者可以感受到一點壓力，這樣他們的注意力就不會轉移到電子郵件上；但這樣也不會讓他們太忙，不至於要隨便亂猜來完成遊戲。）

在每回合結束時，各團隊將做出決定並提交決策範本，接著會收到來自模型或專家小組產出的回饋，這些回饋將成為下一輪情境的初始設定。

玩完第一場遊戲後，你要重置一下設定，用前一場的結果來進行第二場（在我們的範例中，第一場的結果是具有更快的成長率）。每次有新的情境出現時，你都可以重複一次上述的這套流程，讓這些新情境成為後續遊戲的初始脈絡。

後續的每場遊戲都可以改變初始條件（例如更快的成長率），或者可以加深複雜程度。我要繼續使用上面的例子來說明：第三場遊戲可能會保持三%的成長率，並額外增加對外國進入者的監管要求；而第四場遊戲，則可以加上消費者不再偏好客戶公司的產品這項變因。透過逐步提高遊戲的複雜度，參與者就能將該場遊戲中的變化與新結果逐一連結起來，這可以增強他們的學習效果。如果每次只調整一個條件，可以更容易的串連環境與結果的變化，從而理解環境差異如何影響組織的成效。

建構遊戲要讓具體細節都到位，這樣實際進行商戰遊戲的那天（或那幾天），才能夠得出最有意義的洞察。接著我們來看下一步。

● 進行遊戲

從最基本的層面來看，進行遊戲的方式，就是執行建構階段所制定的議程，要讓遊戲參與者能掌握遊戲步調，使用他們手上的素材來做出決策，並且能盡量忠於競爭對手（以及遊戲中的其他參與者）在現實世界中會做出的行為模式來進行遊戲。你要模擬的是市場狀況，所以如果他們的行為與角色扮演牌卡上的做法相反，你的組織將無法實踐最佳決策。

然而，商戰遊戲進行的當天，有兩個要點值得注意。首先，小心不要提前寫出見解和答案，不要將團隊導向最初預想的結果。

商戰遊戲讓許多領導人感到不舒服的原因之一，是往往無法預先確定結果。還記得我們說過設計演練就跟描述遊戲一樣嗎？（學者是這麼認為的。）其實執行商戰遊戲就類似於「解題」，如果真的知道遊戲結果為何，就不需要花時間和經費來做商戰遊戲了。但請放心，遊戲很少會導出極為不切實際的結果。在我為客戶舉辦的商戰遊戲結束後，絕大多數的情況下，他們都會說：「這就是競爭對手會有的反應，這個結果非常合理。現在我們知道應該做些什麼，才能將成功的機會最大化。[3]」

上述的其中一個例子，是我們為某間國防承包商建構並執行的商戰遊戲。其中，我們幫承包商確定，美國國防部在未來幾年內，會如何管理武器系統的採購。在進行遊戲時，扮演國防部的團隊做了一個出乎我們意料的決定。

該公司的專案合作夥伴認為遊戲設定有誤，說我們在設計和建構階段犯了一個根本性的錯誤，這會讓所有洞察失去意義，並削弱客戶的商譽。但我們退一步思考了國防部團隊做出該決定的原因，意識到這對他們來說，其實上是一個非常現實的選擇，如果真的這樣做，也是一個非常明智的行動。對客戶來說，這次的學習非常具有成效，也帶出極為深刻的觀點，因為他們意識到，國防部的採購方式帶來的影響，他們可能需要從根本上做出改變，得建立更多合夥關係，才能確保未來能夠贏得標案。如果我們預設了某個結果，並阻止扮演國防部的團隊做出那項決策，就會錯過這一項重要的見解了。

第二個關鍵和黑帽演練類似，那就是**研討結束後的彙報環節**，與遊戲本身一樣重要，甚至可以說比遊戲更重要。彙報環節會綜合當天所有學習內容，並討論出有共識的結果，以進行後續工作。如上所述，你必須在商戰遊戲的研討期間內彙報，我通常**建議要留至少一個小時來進行**，九十分鐘其實也很常見。**讓每個人都有充足的時間發言和討論，不要讓辯論陷入不相關的細節。**

我通常喜歡在彙報的一開始這樣做：要求每個團隊先回答，我在黑帽演練中問過的那三個問題。在開始辯論和討論之前，我會在會議室裡先巡過一輪，並蒐集大家對於這些問題的看法。這樣一來，就可以在被後續問題轉移焦點之前，先了解大家最初步的想法。這樣能提供不願公開發言的參與者發表空間，而且還可以減少群體思維，因為這些問答在出現任何群體共識之前，就會先進行了。

我將那三個問題再次敘述如下：

1. 你們團隊的目標是什麼？各團隊的目標，只會出現在他們要扮演的角色資訊手冊中，其他團隊無法確切掌握這些資料。參與者可能會在過程中猜出團隊的目標為何，但最好還是把目標清楚的列出來給大家參考。

2. 對於你今天扮演的角色，最感興趣的洞察是什麼（可以與你們的組織相關，或與整個行業有關都無所謂）？扮演競爭對手的團隊會透過對方的視角來看市場，而扮演你們組織的團隊則不受「正常」流程的限制。

3. 你希望釐清關於自己所扮演的角色或產業中，哪些「仍屬未知」的內容，以便獲得更好的洞察？商戰遊戲涉及不確定性，而且不是所有問題都能在遊戲中獲得解方。列出一個尚待填補的資訊清單，以便在結束研討後補上空缺的內容。

以上三個問題是開始獲得洞察的好方法。即使在整個彙報環節結束後，仍未解決所有懸而未決的問題，但記下這三個問題，還是能讓你在未來有需要時，可以更輕易的重新評估這次學到的課題。

線上會議的普及，為我們提供了一個新做法，就是在彙報期間，用虛擬白板記下參與者的想法。在最近執行的一場商戰遊戲中，我們設計了一個學習單，其中就包含了回答這三個問題的欄位，另外還加上第四個欄位，供參與者寫下他們對客戶策略造成的影響有什麼想法。這個學習單為每個角色扮演團隊提供獨立的欄位，並用不同的顏色區分，在進行彙報時，每個團隊都可以在相應的欄位貼上虛擬便條紙來發表看法。這種方式可以同時獲得所有人的回饋，不需擔心群體思維造成偏見。

虛擬白板還提供了即時的書面紀錄，讓客戶可以在未來幾週回頭查看，藉此回想他們這次學到的內容（他們後來也確實這麼做了）。遊戲本身是虛構出來的，但在進行小組討論之前，我們還是可以用虛擬白板來蒐集現場參與者的回饋。與實體白板相比，虛擬白板最大的優勢在於，可以儲存大家輸入的資訊，不需要另外拍照紀錄。看著虛擬白板做會議紀錄，就像按下「剪下」、「貼上」一樣容易。

我在帶領遊戲時，會選擇以完全實際面對面，或完全線上虛擬的方式進行，因為虛實混合的遊戲不具成效。在新冠肺炎疫情爆發之前，我帶的遊戲通常都是面對面的，大家聚在一起可以建立同事情誼，並凝聚組織內部的共識。每隔一段時間就會遇到有人無法實際參加，希望可以透過電話遠距參與（那時 Zoom 還沒普及），若有人以此方式加入遊戲，他們幾乎都會被降級成不能發表意見的旁觀者（就算在分組討論時也一樣）。因此我強烈建議要讓每個人都親身出席，或每個人都以虛擬的方式參與研討。

對於商戰遊戲的最後一項建議，是不要受制於模型、資料和數字。我可以清楚回想起來的商戰遊戲成果，都與更宏觀的策略行動有關，而非市場上的最終價格究竟是四．九九歐元，還是五．九九歐元。會讓我留下印象的，是團隊如何回答策略問題，例如：團隊是否嘗試收購其他公司？較小型的競爭對手，有無增加比大型競爭者更多的產能，或是定價更低？政府是決定從同一供應商購買武器，還是會從多個供應商採購？研發預算有沒有發揮作用，還是價格戰才是成功的主因？

模型很有幫助，可以為演練提供有用的基礎，但不要迷失其中。它們可能會讓你誤以為，遊戲碰巧得出的「正確」答案非常精確，而過度自信。最好專注在較為質性的洞察上，了解在該市場成功的重要因素為何。這些質性的洞察通常可以透過第二類的商戰遊戲來獲得，我們接下來將討論這種遊戲形式。

精簡版商戰遊戲：找出對手最有利的選項

我把這第二類遊戲稱為精簡版商戰遊戲。它在許多面向上，都和傳統的商戰遊戲非常類似，特別是在設計階段更是如此，但在建構和執行的步驟上，與傳統版本之間有一些關鍵的差異。要描述這兩者間的差異，最好的說法就是，一個像在玩遊戲（傳統商戰遊戲），而另一個則是在教別人玩遊戲。

提醒一下，在傳統的商戰遊戲中，遊戲參與者會擁有自己的分組討論室，和角色專屬的資料手冊。在彙報之前，大家不會知道其他團隊的目標，對於對方可採行的手段也缺乏完整資訊。這種設定類似於撲克牌遊戲，大家看不到對方的底牌，也不知道其他玩家是在虛張聲勢，或是真的有一手好牌。

這個設定和桌遊很類似，例如我最近教小孩玩的《妙探尋凶》（*Clue*）。在那個遊戲中，信封裡會放入三張卡牌：一張代表凶手，一張代表凶器，一張代表作案地點（按：為遊戲謎底），其餘的凶手卡、凶器卡、地點卡，會洗亂後發給各個玩家，大家各自隱藏拿到的牌。遊戲過程中，每個玩家都要猜測凶手是誰、使用什麼武器、在什麼地點行凶，如果有人猜中了某個玩家手中的牌，該玩家就必須向猜中的人展示那張被猜中的牌（按：不得讓其他玩家知道被猜中的是哪一張牌），這樣就能幫助正在猜的玩家知道，哪些卡片不在信封當中。

猜謎底時，可以講自己沒有的牌，也可以講正拿在手上的牌，如果用自己手中的凶手卡和地點卡，搭配一個不在手上的凶器卡，這時要是沒有人出示那張凶器卡，那就代表它一定在信封裡（按：表示那個凶器是謎底）。一旦玩家看夠了其他人的牌，就會對信封裡的卡牌進行最終的猜測，如果猜對了就獲勝。《妙探尋凶》這款桌遊的玩法，就和傳統的商戰遊戲架構非常類似。

在我教小孩玩這個遊戲時，他們對於緝凶完全毫無頭緒。所以我開始教他們怎麼玩，做法就和平常教別人玩遊戲時一樣：大家先亮牌玩幾個回合。我教他們如何在追蹤表上標記自己拿到的卡片，以及選擇要向別人展示哪一張牌。然後教他們如何在牌桌上行動，才能獲取新的資訊，並解釋應該如何用自己手上的牌猜測，藉此騙過其他人來獲取更多資訊。我還示範了遊戲過程中，哪些人需要展示哪些牌，甚至還趁機倒帶了某些動作，讓孩子們可以再試一次。一旦孩子們掌握了基礎玩法後，就開始讓他們蓋著自己的牌和追蹤表來玩。

教小孩玩《妙探尋凶》，就像在執行精簡版商戰遊戲。遊戲參與者先到各自的團隊討論室中，討論自己團隊的情況（就像是查看自己手中的牌），然後重新進入全體會議室和大家會合。全體討論的進行方式，是輪流詢問每個參與者他們計畫要做什麼，並允許大家對其他團隊的說法進行簡短的問答。等所有團隊都發言完了以後，會再次於會議室中各自討論。這一次，各團隊要討論的，是他們會如何針對其他人剛才說的行動做出回應；他們還可以要求讓時光倒流，改變原本計畫要做的事情。此外，各團隊也可以詢問其他組別，為何選擇某個行為而不是其他做法（就像我在教《妙探尋凶》時那樣），但在進行最終彙報之前，大家都不能完整揭露自己團隊的目標是什麼。

● **設計活動**

精簡版的做法基本上就和傳統的商戰遊戲類似：先了解參與者是誰、他們想要什麼、能做什麼、知道些什麼，以及可以評估他們表現的重要指標為何。主要的差別在於，每個團隊可以有一到三名參與者，所以容許演練中出現組數較少或角色較多的情況。參與者的數量可以少一點，因為在全體會議中，其他成員可以對任何一個團隊的選擇提出反對意見，進而針對最佳選項進行必要的辯論。

● **建構遊戲**

你需要建立角色扮演資料手冊、產業資料手冊、決策範本（以利團隊在內部討論時能夠聚焦）及議程和主持指南，還需要決定要玩多少場遊戲，但每場遊戲的回合數量不用預先設定。每個回合會接續進行，這是全體討論這種循環賽裡必定會出現的情況。

如果你認為競爭對手，和其他在演練中扮演某個角色的人有「非理性」的傾向，請嘗試創造出，會誘發他們做出那些選擇的遊戲（情境）。你可以在每場遊戲的討論會中，重回那些造成非理性傾向的情境、改變你的行動，看看他們會不會同樣以非理性的方式做出回應，藉此針對非理性的行為進行壓力測試。你可以在全體會議上，探究他們做出那些選擇的原因（也可以在各組的分組討論中稍微討論一遍）。

在多數情況下，你不需要建立預估財務報表或模型來估算結果，但可以做一個簡單的模型，來針對可能的結果做出指引，在全員參與的彙報環節中使用。不過通常沒有這個必要，而且這會讓討論重心轉移到模型是否合適這件事上，無法聚焦討論工作坊帶給大家的見解。在設計傳統的商戰遊戲時，建構模型通常會花費最多時間，這也是精簡版商戰遊戲較為省時的主要原因。

精簡版商戰遊戲鎖定的，是業界中質性和策略性的競爭動態，以及該產業的生態演變。模型之所以無濟於事，是因為我們要探討的是威脅來自何方、通常會調整哪些槓桿，以及狀況通常會惡化抑或是穩定下來。這些見解和結果，是工作坊期間全體討論時，會自然導出的內容。

● 進行遊戲

精簡版的遊戲本身，在技術上的挑戰較小，所需的教材比較少，但還是得讓遊戲參與者掌握規則並遵守議程。如上所述，你會給參與者一些時間，讓他們私下討論團隊策略，但其餘的流程主要都會在全體會議室內進行，每個團隊都要「戴上」他們所扮演的角色帽。（注意一下這裡與黑帽演練之間的類比關係。）至少留一個小時來進行最後的彙報，讓每個人都脫下自己扮演的角色帽，一起回到你們公司的角度來討論：我們學到了什麼，下一步該怎麼做？

這樣說可能還是有點難以理解，所以我想再分享另一個可以思考的角度。

精簡版的定位，有點像是「聚集一群同事來討論，該產業未來會發生什麼事」這樣的工作。通常，這些討論會偏向你期望未來會出現的事件，像是希望競爭對手採取什麼行動，而你也會假設自己的行動非常有效，最後會獲得美好的成果。精簡版也同樣會針對「市場的未來」進行討論，但遊戲中的每個人，都是以他們所代表的組織為出發點，從各自套用的視角來對話。如果某個團隊代表的是競爭對手，那他們想要的是什麼？如果扮演監管者，會期望及可以採取哪些措施？又或是作為經銷商，他們有哪些替代選項？

這類辯論涵蓋的偏見會比較少，因為每個人都戴上代表不同組織的帽子，並努力讓自己扮演的組織獲得最好的成效。過程中，他們不會想幫助其他人獲勝，而是希望自己能贏得勝利。只有到最後的彙報環節時，大家才會再戴回自己組織的帽子，開始討論在之前的演練中，大家獲得的洞察。

精簡版商戰遊戲不是要討論未來的產業動態，並從對你們組織最有利的方向開始討論，而是要為大家揭示，在每個人都試圖做出對自己最有利的行為時，可能會衍生出哪些選項，而這正是現實世界中會發生的事情。

它不是「迷你版」的商戰遊戲，遊戲規模和議題都沒有比較小。相反的，這些議題通常都更為宏觀（例如不斷變化的產業趨勢、技術演變、地緣政治事件帶來的影響等）。精簡版本質上幾乎都具策略性，而非戰術性，這很類似黑帽演練裡的策略性。（在精簡版商戰遊戲中，你很難解決具有高度戰術性的問題。）黑帽演練可協助你了解，特定的競爭者會有什麼潛在策略行動，而精簡版商戰遊戲則有助於了解，你的組織與多個對手（以及生態系中的其他對手）之間，有什麼樣的潛在動態關係，幫助你思考是否要改變定價結構，而不是決定出具體的價格為何。

精簡版商戰遊戲非常適合逐步建構相關能力，它能幫助你運用第一章的思維，從對手的角度看世界。定期舉辦精簡版遊戲，可以幫助你在討論產業發展時更加客觀、減少偏見。你可以在每個季度舉行一次這類討論，因為你的團隊應該會在此時討論起產業變化，以及他們觀察到的新事物。定期進行這些演練，也能確保可以不斷更新與對手有關的資訊及見解。

你可以讓遊戲中的每個參賽者，負責在非研討期間持續追蹤他們所扮演的角色，並準備好在工作坊時戴上那頂角色帽。不需要為此研討空出一整天的時間，只要花上一個小時，讓每個人都戴上那個角色的帽子，討論一下在該季度會面臨哪些主要的不確定因子即可。如果你面對的競爭者，在現實世界中做出了令人困惑的舉動，你也會知道要問誰為什麼會這樣了——去問扮演那個角色的遊戲參與者。你可以一年左右重新分配一次，誰要負責追蹤哪個競爭對手，讓大家保有新鮮感，並產生新的觀點。

精簡版的商戰遊戲，也有助於找出你的組織或許可以採取的行動，類似我們在黑帽演練中看到的那樣。從別人的角度看世界，可以讓你擺脫「我們通常如何做事」的思維束縛。

隨著時間的推移，我越來越覺得，精簡版的商戰遊戲有其價值。你可以藉此建立對市場現況的基本了解，指派任務給各團隊，為他們提供四到五個策略槓桿，然後一起討論產業將如何發展，讓每個參與者都站在不同角色的立場思考並提出看法。之後你能更加確定要建立的詳細模型為何，以及哪些問題和面向才是最重要、最需要具體呈現出來的內容。

為了精準描述某棵樹，而忽略了整片森林，這種做法容易讓你只顧著賞花，忽略了害蟲正在逼近，而且很快就會摧毀整座森林。精簡版商戰遊戲可幫助你登上樹頂，發現這些威脅，同時看到潛在的機會。

遊戲開始前，四個要釐清的問題

在決定開始設計、建構和執行商戰遊戲之前（無論是傳統版或精簡版都一樣），你應該先回答四個問題[4]。

● 商戰遊戲是最好的工具嗎？

當市場存在相對較大且不易量化的不確定因子時，可能的結果包羅萬象，而且市場參與者的選擇具有高度的相互依賴性（也就是他們會對彼此的行為做出反應），在這種情況下，商戰遊戲最為有效。如果競爭對手看起來不甚理性，那也是進行商戰遊戲的好時機，因為正如我們不斷看到的，企業組織不會真的不理性行事，只是你還不了解對方而已。

● 演練的目標是什麼？偏重策略還是戰術？

如果目標具策略性，請考慮使用精簡版的商戰遊戲；如果是戰術性，傳統的商戰遊戲更適合。但無論研討的形式為何、需要多深入探討才能得到所需的見解，都請務必提前確定學習目標。

● 誰來設計、建構和參與研討？

確保會議室裡的參與者是合適的人選，並分配適當的角色給他們。通常，設計練習的人不會參與遊戲，因為他們已經事先了解遊戲的幕後架構了。確保你有足夠的專屬資源來打造遊戲，尤其是要進行傳統版遊戲並建立模型時更得如此。確保工作坊的參與者身分合適，並思考一下是否需要招募來自不同部門、職能和資歷的人員加入。分配角色時，請刻意混合具有不同資歷、經驗和觀點的人員，讓學習效果最大化。

● 要多久玩一次商戰遊戲？

傳統版的商戰遊戲無須經常舉行，通常只有在產業發生重大變化，或你的公司正在考慮重大的策略變革時，才需要使用它們。如同我們前面提過的，精簡版可以更頻繁的執行，甚至在需要時臨時舉辦也沒問題。它們還可以穿插到傳統版遊戲中作為前導，藉此帶出更複雜的討論，以深入研究某些細節。

商戰遊戲以及一般的賽局理論，通常在商界領袖間的名聲都不是很好，但如果你用它們來「描述」遊戲為何，而不是將預設的「解決方案」套用至遊戲當中，就會發現，它們其實可以為你帶來更多的觀點。

聚焦談判和創新的研討方式

在這一小節裡，我想著重介紹另外兩個類似商戰遊戲的競品分析工具：第一個工具是模擬談判（mock negotiations），這是一種非常特定的商戰遊戲形式；第二個是事前剖析（premortems），有時被稱為「反向」的商戰遊戲。

●模擬談判

在模擬談判中，必須找人扮演談判對象，藉此模擬和練習即將進行的談判。讓某人負責扮演對手，下列這些舉例的問題，會得到更好的答案：

1. 我們有沒有確實表達出自己的觀點？
2. 我們看起來會不會過於咄咄逼人？還是表達方式不夠強烈？
3. 對話有推進討論，讓我們更接近結論嗎？

設計、建構和執行的步驟，就和上面看過的一樣。

設計：遊戲參與者是你和你的談判對象。你還是需要確定對方的目標為何，以及你自己想達成什麼目標，這樣大家才能對這兩件事一清二楚。雙方在模擬談判時可以做的選擇，是在真實合約中要協調的條款，以及各類內容（例如定價、合約時長、包含的產品和服務等）。

建構：和之前一樣，你會需要角色扮演和產業資料手冊，內容應該聚焦在合約談判的核心議題上。決策範本會用來引導團隊進行談判，並當作會議紀錄表，讓你記下會談中所提出的內容，和受到反駁的事項。

你應該為各團隊提供一個簡單的決策計算器，以便他們評估各種方案的潛在影響。不過，無須建立一個模型來評估結果，因為團隊將共同討論並做出結論，決定最後是否要和對方達成協議，以及相關條款為何。（你可以建立一個簡單的模型來衡量該協議帶來的影響，但可以等演練完成後再開發即可。）最後，請制定議程，確保討論能順利進行。

執行：模擬談判通常不超過一天，如果非常專注，其實半天就能完成。各團隊一開始會先花點時間決定自己的談判策略，接著雙方碰面，針對合約內容進行談判。然後我通常會再給各團隊一點時間，讓他們再次討論所聽到的內容，調整自己的策略，然後重新再與另一方接觸。

如果談判過程可能有兩個或兩個以上的合作夥伴，或是假設競爭對手也試圖與對方談判，這種做法尤其有用。這代表你們團隊可以分頭與兩個不同的對象談判，接著重新進行組內討論，讓他們可以比較從各方聽到的資訊，並決定好下一步要做出何種要求，接著才再與對手團隊繼續展開談判。

工作坊結束時，你需要空出時間讓大家進行彙報。從上面提到的三個問題出發，然後討論模擬談判中達成的共識（如果有的話）。考量你們從這些互動中得出的見解，並且在與真實的談判對象交談之前，預先針對你們下一步要採取的行動達成共識。

模擬談判也與精簡版商戰遊戲類似，原因有二。首先，如果你正要模擬和某個對象的談判情形，在討論的過程中可以選擇暫停、改變方向，然後回上一步，藉此嘗試不同的策略。模擬談判可以讓你實驗，並反覆練習談判中的特定環節。

其次，你可以在等模擬談判實際完成之後，重新聯絡當次研討的成員，扮演談判對象的參與者，可以針對對方在真實會談中的言行提供一些見解。這樣一來，你就可以在下次會議召開之前，調整好策略和戰術。這些臨時召開的會議，將能增強你和團隊的談判能力。

● 事前剖析

事後剖析是為了確定過去某件事的發生原因，例如，病理學家為死者驗屍以確定死因，這類工作要深入研究的，是已經有結果的事情，了解背後的原因何在。

事前剖析則是以針對未來提出的某個假設出發，試圖找出要獲得這個結果，必須先經歷過哪些事。舉例來說，假設你穿越到三年以後，競爭對手那時已經是市場領導品牌，他們是怎麼做到的？採取過什麼策略？有哪些技術或客戶偏好改變了嗎？這種事前剖析可以像商戰遊戲一樣進行（尤其是精簡版），但工作坊中要揭露的不是未來的樣貌，而是要先預設好未來的情況，並在活動中找出達到那個目標的路徑為何。

設計：可能影響預設結果的參與者有誰？是現存的競爭對手，還是新進業者（必須有人扮演新進業者的角色，且其角色扮演資料手冊要包含預設的資產和資源）？是監管機構或經銷商？他們各自的目標是什麼？在未來幾年內，他們可以做出哪些選擇，藉此影響相關結果？設計遊戲時還會問到，在這個過程中，大家可以做什麼、不能做什麼，有哪些須遵守的規則？

建構：活動用的教材也與商戰遊戲類似，有：角色扮演資料手冊、產業資料手冊（包括對未來狀態的描述）、議程（讓活動順利推進）、讓參與者得以聚焦正確選項的決策範本，以及主持指南（如果用的到的話）。但不太會需要決策計算器或完整的模型。

執行：為團隊提供未來狀態的概述，並稍加討論，讓每個人都了解未來世界會是什麼樣子。然後讓參與者按團隊各自帶開，討論他們會使用什麼策略，來達成已預設好的未來結果。你提供的範本將能幫助他們解決相同的問題（請在裡面加入「其他」這個欄位，來記錄新的想法）。然後重新集結各團隊進行全體討論，大家各自分享自己會做什麼選擇。參與者將討論，哪些措施會在其他人做出選擇之後倖存下來，哪些策略最有可能成功，以及未來狀態會確實出現的可能性。

最後彙報時，就可以將集體洞察彙集起來。需要解決的事項包括：

1. 在最後獲勝的策略中，有多少比例符合現實狀況？
2. 我們可以先實施該策略的哪些部分？
3. 是否還有其他事件可能成為阻礙該策略成功的因子？
4. 為了更確保能成功推行該策略，還有哪些不確定的因素必須排除？

若要評估技術變革或新的監管政策帶來的影響，事前分析很有幫助。此做法也有助於了解新創公司及其顛覆產業的潛力高低。指派一個或多個團隊來扮演可能進入市場的潛在創業者，這些人可以代表新的企業，或是來自另一個產業的入侵者。相對而言，這些團隊比較不會受限於過往投資帶來的負擔，並且應該能夠設計出新的致勝方式。

雖然事前剖析嚴格來說不算是商戰遊戲，但它的設計、建構和運作原則非常相似，也特別能和精簡版商戰遊戲的結構相提並論。事前剖析有助於思考更具創新的做法，卻不會因為預測中出現的決策偏差，而使組織蒙受其害。

模擬商戰的輔助工具

還有兩種管理技巧經常會與商戰遊戲混淆，而且它們越來越受歡迎，使用度也越來越高。然而，它們本身不是、也不一定能提供，像從黑帽演練和商戰遊戲獲得的那些競爭洞察。

第一種技巧是遊戲化（gamification）[5]，廣義上是指，建立類似電玩遊戲中的獎勵機制，以鼓勵員工或客戶做出行動來提高績效。其中一個例子，是公布業務人員的客戶滿意度評分，以營造競爭氛圍。評分可以全天更新，並附上排行榜讓大家知道誰領先。這個追蹤業績的軟體，還可以加入即時回饋和獎勵的欄位，業務人員可以持續輸入資料，來獲得更高的積分和獎金。

遊戲化的技巧，就是複製電玩遊戲令人上癮的機制（誰在玩《Candy Crush》努力破關時，不曾感覺時間過得飛快？），藉此提高人員參與度，最終達到提高業績的成效。

雖然遊戲化是基於電玩和獎勵機制而生，但這不是一場試圖了解競爭對手的遊戲。我認為建立一個內部使用的遊戲化系統，藉此鼓勵員工追蹤競爭對手的資訊，並得到競品分析洞察，這件事是可行的，但商戰遊戲本身已經夠具競爭性，沒必要再額外加一道獎勵措施來激勵參與者。

進行商戰遊戲的好處之一，是它提供了一個跳脫日常角色的機會，並可以花上一、兩天的時間進行策略性思考。參與者會扮演另一家公司，因此可以很自在的用更有創意（因為不會受到自家組織的限制）、更積極的方式思考（因為他們現在是要從另一方的角度積極進攻）。商戰遊戲不需要額外的人造興奮劑，因為參與者早就樂在其中了。

第二個工具是紅藍隊演練（red team/blue team exercise），它常被誤認為商戰遊戲，但其實不是。在這種演練中，會有一方被指定為紅隊，另一方被指定為藍隊，兩隊會互相競爭，看看哪一方具有最佳的構想和策略。這種演練很少讓人扮演互相競爭的對手，比較常見的是，雙方代表現實世界中的同一個組織。這些團隊可能會各自受到不同的限制（例如不同的預算規模或資源存取權限），但是很少直接相互競爭，相反的，兩隊會試圖為同一個組織提出最佳解決方案，而方案獲選的那個隊伍即獲勝。

另一種常見的紅藍隊結構，是其中一方「支持」某個立場，另一方則「反對」該立場，在這種情況下，兩隊都會嘗試推斷出，具有癥結點的未知因素為何。此做法是對同一個問題採取相反的觀點，讓每個立場都能經過壓力測試。這顯然不是一場商戰遊戲，因為各團隊的選擇並不相互依賴，而是同時並行的決定。

如果你正在權衡收購決策，像是「我們是否應該買下那家目標公司？」，就不太適合以商戰遊戲來推演，紅藍隊演練可能會有所幫助，除非你是要從一系列潛在目標中確定下次、下下次或更久之後的採購內容，那麼才要考慮商戰遊戲。如果你想測試，與其他一樣試圖擴張的對手競爭時，你的收購計畫會有什麼成效，那麼商戰遊戲能派上用場。換句話說，商戰遊戲可以檢視產業內的併購浪潮，看看骨牌可能會從哪裡開始倒塌；而進行一場紅藍隊演練，則是來決定是否應該支付某一筆金額，給你正在考慮收購的標的。

紅藍隊演練的精神與黑帽演練最為接近，因為紅隊和藍隊都會戴上相同的黑帽子，只是兩隊都試圖找出最適合對抗對手的策略，藉此擊敗另一隊。回想一下我們之前的討論，各隊的結論若互有衝突，可能會讓大家更感混亂，因此請謹慎使用此一演練。

有些人會將下面幾個例子泛稱為「紅隊演練」（Red Teaming）[6]。如果演練是要模擬某些情況，那麼它屬於商戰遊戲，就像我們上面討論過的那樣。其他常見的紅隊演練工作坊包括：漏洞檢測（vulnerability probes），這是要看該團隊是否可以破壞現有的安全協議；另外還有備選分析（alternative analyses），即以新的眼光審視資訊，並得出自己的結論。這些嚴格上都不屬於競爭洞察用的演練，而是用於壓力測試，通常是要測試極端不確定性和極端事件。這些紅隊壓力測試適合檢視國家安全，以及國家抵禦重大衝擊和動盪的能力，但對於多數競品分析工作來說，都不太必要，而且有點過於極端。

從黑帽演練開始角色扮演

你可能已經在思考，可以透過這些演練解決哪些策略問題，甚至可能已經在心裡初步規畫了一個，可以一起進行這些演練的同事名單。儘管我很樂意建議你直接開始動手做，但仍想再提醒一些注意事項，讓你可以把演練的功效放到最大。

在我剛開始關注商戰遊戲時，先和二十幾個為客戶執行過該遊戲的團隊聊聊他們的經驗，以了解他們做過什麼、什麼方法有效，以及下次會採取哪些不同的做法。我與同事將這些見解綜合成一套「最佳實踐方案」，然後開始為公司中的其他人提供協助。我又接著在後續十幾場的工作坊中進一步精煉這些課程，直到它們可以與我的思維完美整合在一起為止。不過我得說，我也還在持續學習，也會在每次推動的演練中，持續應用我得到的新見解！

我想提的建議中，最主要也最重要的是「單純為上」。我的意思不是要過度簡化遊戲，而是要讓遊戲單純一點，只涵蓋模擬現實世界時需用到的必要內容即可。只把做決策時會用到的資訊放入產業和角色扮演資料手冊中，只加入可以確立策略的決策選項，另外，請把遊戲時間控制在能評估出初步做法和反擊方式就好，而且只加入會影響你（以及被你影響）的業者。添加無關的資訊、決策、參與者或拉長時間，將使演練變得複雜，並讓大家對真正造成該結果的驅動因素感到困惑。

如果你真的想著手開始設計、建構並執行這些演練，我建議從針對單一競爭對手進行的黑帽演練或事前剖析開始，可以學到整理事實資料並思考戰略決策的經驗，且尚無須糾結於多個參與者之間的互動。如果是與供應商或客戶進行一對一的談判，也適合先用模擬談判來解決問題。如果想針對面對多個競爭對手的情形來模擬談判，目的是贏得向第三方供貨的權利，應該要等到執行過黑帽演練和事前分析，已經有一些經驗和能力後再進行。一旦你熟悉這兩種演練以後，就可以開始嘗試精簡版商戰遊戲，也就是加入更多的遊戲參與者，但又不像傳統版那麼複雜、需要充足的事前籌備和建立模型。（也可以執行多方模擬談判，因為這也不需要建模型，而是由提出該模擬會議訴求的團隊負責決定獲勝者。）最後一個關卡才是傳統的商戰遊戲。

醫學界有句古老的格言：「觀摩一次，執行一次，指導一次」（See one, do one, teach one.），我們可以將之應用於競爭模擬演練，以實現「觀察、行動、領導」。如果你不打算透過黑帽演練和精簡版商戰遊戲來培養自己的技能，就應該先參加一次，由專家為你的組織打造的傳統商戰遊戲。然後在準備好自己帶頭進行商戰遊戲之前，找人協助你一起設計、建構和執行傳統商戰遊戲的整套流程。學習最佳的實踐方式，有很多「藝術」成分，沒有人能在一本書中詳細介紹完所有的內容。在帶領自己的團隊進行活動之前，你可能只需要先「觀摩一次，執行一次」，也可能需要「觀摩兩次，執行兩次」甚至「觀摩三次，執行三次」，才能進入下一階段。請記得，你最後要做的是確保第一次工作坊能一舉成功，以便未來還能繼續負責更多工作。

模擬過，就知道對手其實很理性

在設計和建構商戰遊戲時，我最常聽到的質疑是：「我們要怎麼確切模擬其他人會做的事？我們無法真正理解他們會做出什麼事來（因為他們不理性啊）。」括號中的用詞並不一定會真的大聲說出來，但那是他們內心的潛臺詞。

在演練結束後，我最常收到的回饋則是：「我認為我們無法複製對手的行為，但這個結果確實符合他們的行為模式！完全沒錯！」那些參與設計和建構遊戲的人，本來覺得他們無法提供足夠資訊，讓同事們可以用競爭對手的風格行事，不過，角色扮演牌卡確實能引導大家，做出能實際代表對手行為的選擇。如果我們漏放了關鍵數據，或者提供錯誤指引給參與團隊（例如要求他們追求其他目標），那麼他們在遊戲中的行為，對其他人來說就會不真實，這點應該不意外。

遵循前述蒐集資料和提出問題的流程，就能將看似不可能的事情化為可能。第一章的框架教會我們如何準備角色扮演資料手冊，商戰遊戲的設計是從賽局理論的原理出發，該理論就是為了研究各組織之間如何相互作用而發展出來的工具。

最後，還記得我說過，不是所有類型的決策都要以商戰遊戲來演練嗎？這裡我要稍微修正一下這個說法：你在做每個決定時，都要思考競爭對手（和其他利害關係人）、他們的潛在反應，以及對你的策略有何影響。這種心態不必上升至傳統商戰遊戲的層級，甚至也不必用到精簡版遊戲，但你應該要走到經常扮演特定競爭對手的同事面前，問他：「如果我們把德國市場的商品價格提高五％，競爭對手會怎麼反應？」

在大多數的公司中，執行計畫前要先測試、探究並確定可用資源，這是很常見的做法。我們能掌握這些流程，但用同樣的方法來預測外部市場會如何反應，這就不是很常見了。外部重點測試不需要像內部評估那麼深入，但還是應該將它們納入分析環節之中。我們不必像《乞丐王子》裡，愛德華王子和平民湯姆．坎蒂那樣真的互換身分，也不必轉職到競爭對手旗下工作個幾年，再回到原本的公司，只要使用黑帽演練、商戰遊戲（包括傳統版和精簡版）、模擬談判和事前分析，就能讓你進行有系統且前後一致的分析。這些做法一定會成為你將來做決策時常用的手法。

第七章

成立競品分析部門

二〇〇一年九月十一日，有三架飛機襲擊了紐約世貿中心的雙子星大樓，和華盛頓特區的五角大廈。據說還有第四架飛機原本打算襲擊美國國會大廈，但在機上乘客與劫機者搏鬥後，該飛機最終於賓州鄉間墜毀，恐怖組織才未能達到目的。

關於九一一事件的文章已經很多了，但與我們主題相關的內容，來自九一一委員會的報告書，裡面檢討了該起事件之所以會發生的人為疏失[1]。該報告由卸任政治人物和政府高層組成的跨黨派小組所完成，其中強調了當時未能預見恐怖攻擊的組織問題。雖然他們明確的表示，並不是要以事後諸葛的態度指責任何人，但報告中還是揭露了幾個關鍵錯誤。

總體而言，委員會注意到了以下幾點：

> 錯失預防九一一事件的機會，顯示出政府處理問題的方式，無法應對二十一世紀出現的新挑戰。負責這起行動的官員，應該有權使用政府內部關於蓋達組織的所有資訊。領導高層應該確保資訊得以共享，並明確分配職責，且上述工作都得以跨機構、跨越國內外分歧的方式進行……
>
> 美國政府當時還未找到一個合適的做法來彙集並使用相關情報，藉此規畫聯合行動並進行責任分配，其中包含中央情報局（Central Intelligence Agency，簡稱ＣＩＡ）、聯邦調查局（Federal Bureau of Investigation，簡稱ＦＢＩ）、國務院（State Department）、美軍和其他國土安全相關機構等，諸多不同單位的聯合行動[2]。

該小組對ＦＢＩ的一項具體批評指出，「儘管情報蒐集和戰略分析能力有限、內外部資訊共享不足、訓練不夠、資源不齊，且他們有意識到資訊共享上的法律障礙，但負責反恐任務的人員依然照常作業[3]」。

該委員會的主要結論之一，是美國政府當時握有大量表明即將發生攻擊事件的資訊，但並未將之搜集並與適當的部門分享。如果有做到這些工作的話，當然還是無法保證一定可以擋下這起攻擊，但在事發的幾年前，美國政府確實有成功擋下多起意圖攻擊美國的行動。換言之，如果政府內部有與相關單位分享資訊，化解九一一事件的可能性就會提高。正如該委員會的結論所說，「美國政府可以取得大量的資訊，但處理和使用現有資源的系統相當薄弱。『需要知悉』（need to know）的運作系統，應該要由『需要分享』（need to share）的系統取代[4]」。

美國政府在進入二十一世紀初期所面臨的挑戰，與許多公司面臨的挑戰相同。這些企業內部握有大量資訊，但還沒有找到一個可以共享，或綜合整理這些資訊的方法，無法藉此得出有意義的見解來指導下一步行動。回想一下我們在百事可樂的泰國業務中看到的挑戰，百事可樂需要協調許多內部的壓力點，才能以最合適的戰鬥姿態與經銷商Sermsuk和可口可樂對抗。

在本章節中，我們將研究如何在組織內打造競品分析團隊，包括：如何整合競品分析工具和框架，以免它們與組織內其他運作模式互相衝突？分析小組如何支持組織完成使命？如何確保有與合適的人員分享必要資訊，藉此為組織創造優勢？

首先，若企業內部有專門鎖定競爭對手的部門，它們大多將其稱為「競爭情報部門」

（competitive intelligence function）。我不喜歡這個詞，因為它鎖定在知識蒐集的面向。我比較喜歡「競品分析」（competitive insight）這個說法，因為它將重點放在所獲得的資訊上，要從中得出見解並做出決策[5]。我在那些競爭情報部門中觀察到的一項錯誤，是該部門只淪為一個資料庫。我這麼說並不是要詆毀做資料管理的圖書館員，因為能夠有效存取，並找出資訊正確位置的技術人才非常有價值。但這項工作不只是蒐集資料而已，還要綜合整理出背後的意涵，並幫助資訊使用者做出決策。

多數公司的競爭情報部門就像一座圖書館：蒐集和儲存資訊，當企業領導者問起競爭者資訊時，競品分析人員會提供一大堆文件。這些資訊需要由企業領導者自行解釋，但他們通常沒時間篩選一頁又一頁的資料，結果，這些資訊就沒有派上用場，最後企業領導者便對競爭情報部門失去信心。

那麼，要如何才能創造一個更好的組織團隊？必須先解決一個關鍵組合，我將它們分為三個部分：人員、流程、績效。讓我們從人員開始討論。

人員：讓能收到第一手資料的人加入，別太多人

一流的競品分析團隊需要合適的員工，讓我們來細談一下這點，藉此找出關鍵的決策因子。

● 每個部門指派一位參加就好

從某方面來看，這可能是最難回答的問題，因為它取決於本章節許多後續問題的答案。但我還是想從此處著手，因為它的基本原則也是設計其餘事項的基礎。

一流的競品分析團隊，第一條守則就是不要與公司內部對抗。這個部門應該要能完全融入組織架構當中，並符合現有的工作流程。如果競品分析團隊與其他部門「不和諧」，就會因為人員流失或面對敵意而被忽視。團隊整合會影響該部門的規模，因為它得從小團隊開始，才不會立即成為公司的巨大負擔，導致被其他部門拋棄。另一方面，它又不能小到沒有影響力，這樣會慢慢的凋零，最終無聲的消失。起初只有一個人的話絕對是太少，但五十人又太多了。

在這個範圍內，到底多少人才最適合？先想一下你的組織架構。如果你的公司有五個部門（或組別），則為每個部門指派一位競品分析師，並由一位主管負責管理這個競品分析團隊，這樣總共會有六個人。業務單位通常會以地區、產品別、品牌或客戶群來當作劃分依據，但你應該以對公司來說最重要的分類來劃分。如果同時使用上述的多個面向，則請以你們公司優先預設的首要考量為主。例如，如果地區負責人有收到第一手回報的權限，而品牌經理則是收到間接彙報，那就指派地區負責人加入分析團隊。請不要按工作職能分配分析師（例如一位負責營運、一位負責財務），因為競品分析的目的，是幫助領導人為你的公司做出全盤的策略決策，而不是為各部門做決定。

不要為每個主要競爭對手都指派一位分析師，因為擔任這個職務的人很難以跨地區、跨部門，或跨產品類別的視角來看事情。相反的，他們會鎖定競爭對手最容易追蹤的部分（這與我們在第一章中看到的內容類似：一般來說，每個人都會用自己的視角來看待商業局勢，但你不會希望只看行銷面，或只用對手在亞洲的行動來檢視對方）。

定期召開會議，讓五位分析師能討論他們對特定對手的見解，這樣就能以跨類別的角度來找出每個對手的共通點。就像盲人摸象一樣，一群人各自觸摸大象的不同部位，便會認為彼此觸摸的是不同的物體（例如蛇、樹幹、窗簾）；但如果一起討論各自的感受，他們就會知道彼此觸摸的是同樣的東西。透過共享跨部門、跨地區或跨客戶群的見解，便可找出共同的趨勢和能力。

一但競品分析團隊越來越受關注，並開發出更多、更好的洞察來改進決策，該部門便可以繼續擴編，不過還是要遵循同樣的原則：根據組織的運作方式來指派分析師。如果你們公司是由地區和產品來區分單位，而且一開始已經有按地區分工的分析師了，那麼隨著時間的推移，你可以在同一地區內按產品類別細分下去，指派更多分析師專門追蹤某個地區內的不同類型產品。

例如，可能你一開始已經有一位鎖定拉丁美洲的競品分析師，現在又想進一步了解競爭者在拉美的醫療保健，和美容護理消費品領域正在採取什麼行動，便可以指派一位分析師負責關注拉丁美洲的保健產品，而另一位則負責關注你們在該地區美容護理業的競爭對手。這些分析師將能更深入的了解對手，且由於分析師之間是按類別來舉行定期會議（在本案例中指的是按照地區或產品來分類），因此該團隊仍然能夠得出較為宏觀的見解。

從小地方著手，讓分析的領域能與組織的架構相符。然後，隨著時間的推進，擴大競品分析團隊，使各分析師負責的範疇更加細緻精確。

● 成員要善溝通、能主動，最重要的是團隊背景多元

競品分析團隊中的分析師顯然需要具備出色的分析能力，還要能鎖定公司指派的面向來分析市場。如果他們正要追蹤某個地區、客戶群或產品類別，那麼應該要在這些領域有一定的背景。但正如我們在第一章中所看到的，他們也要能安然面對不確定的因子。超級預測者不會給出「會、不會、也許」這種答案，他們明白世界上還有更多細節需要考量，永遠不能把預測結果簡化到如此單純的地步。

指派分析師時，先從組織內部尋找，再招募外部人力。你聘用的內部分析師了解公司如何運作，也更能順暢的傳輸訊息。當然，如果你可以從顧問公司或市場研究公司中找到優秀的人才，也請務必僱用他們，這是將外部人員整合進公司及其文化當中的絕佳做法，可以幫助他們在公司內部逐步建立人脈，只要確保有優先從內部尋找人才即可。

分析師也需要溝通和建立關係的技能。他們需要積極、自信的與公司中合適的人員聯繫，不能只是被動的參與，也不能坐等接收相關資訊，或等人開口詢問見解。分析師們需要知道誰擁有競爭對手的相關資訊，以及誰需要用到這些資訊。這種心態就像記者或民調人員（不斷提出問題並願意被拒絕）以及業務人員（尋找用戶資訊，而且……願意被拒絕）。分析師必須能建立並維護公司裡的連結體系，以確保競爭者資訊和相關洞察能持續在公司內流通。

最重要的是，請**將這些職務視為臨時性的職位**（例如最多兩年），**讓這些人之後可以內轉至與公司營運直接相關的單位**（line role）。**這能讓分析師保持積極進取的心態**，不會覺得自己的工作沒有出路；但這也意味著，**未來的領導層必須**與競品分析團隊建立聯繫，並且**在晉升時願意多加考量該團隊的人才**。競品分析團隊的人才流動還有個額外的好處，那就是可以讓每個單位都有具影響力的人物和優勝者。

最後一個提醒是要建立一個多元化的團隊。這是第五章中其他專業人士為我上的第一課。具有不同背景和觀點的分析師，可以針對對手提出更全面的看法。具有行銷背景的人，比較了解從對手身上蒐集到的行銷訊號，而同樣的道理也適用於供應鏈、財務和經銷等領域的人才。你要尋找的專業領域為何，這點應該要從競爭對手的策略行動出發，看看其中最難理解及預測的類型是什麼（例如定價、供應鏈、市場進入、產品創新等），這就是你要尋求人才時的重點。打造這種多重角度尤其重要，因為你手中關於競爭者的資訊並不完整，你無法蒐集所有需要了解的資訊，也無法直接要求對手回答你的疑問。可以把這件事想像成拼圖遊戲，如果只蒐集某個角落的拼圖，那永遠都看不到完整的圖像；但如果在拼圖的各個區塊都找到適量的碎片，就更容易想像完整的拼圖會是什麼樣貌[6]。

● 建立共享資訊的系統

最後一個與人員相關的議題，是要在整個組織中建立正確的激勵措施。就像九一一事件之前的美國政府一樣，我合作過的每個組織，他們真正掌握到的競爭對手資訊都比以為的還要多，但問題在於，這些知識都儲存在數十、數百或數千名員工各自的腦袋裡。銷售人員可以從客戶口中聽到，對手目前提供（或要求）的產品為何；在各商展會議中穿梭的行銷團隊，可以觀察到其他公司展示哪些產品，也會在走廊上無意聽到某些談話，從而獲得寶貴的資訊；採購人員和供應商討論時，可以了解競爭對手的要求，以及做出要求的時間點為何；整個企業的人員也都可以閱讀產業刊物、參加協會活動，或與其他業內人士一起出席座談，藉此了解競爭對手目前正在做什麼。員工自己會蒐集這些競爭資訊來提升工作表現。

當然，並不是說這些資訊全都可以直接與公司其他人員共享。出現在競爭者保密協議中的客戶或供應商，與他們相關的對話通常是危險領域，但公司的法律顧問可以確保你們能在安全範圍內行事。回想一下九一一委員會的建議，其中一項是要克服資訊共享的法律障礙。許多知識是可以共享的，如果這些知識為大家所知，就會對競爭對手的目標有深刻的了解。我會這麼說是因為，這是商戰遊戲裡要建立角色扮演資料手冊時的標準做法！我與組織內的人員交談（非正式的對話也算在內），了解要蒐集哪些資訊、從哪裡獲取這些資訊，並建立對競爭對手行為模式的整體見解。

但要如何有系統的鼓勵員工分享他們腦中的知識？第一點也最重要的一點是，必須建立一個能讓大家輕易共享資訊的系統，如果只是多增加一個報告欄位，只會讓已經在加班的員工感到沮喪，最後導致他們直接忽視資料蒐集任務。另外同樣重要的是，需要建立一個雙向溝通的管道：

員工分享出來的知識，要能轉化為他們可以著手進行的行動方案。一旦開始與員工分享有用的競品分析洞察，他們就會希望你繼續提供更多類似訊息，像是「那個價格是多少？」，這些員工也會因此需要回報更多後續資訊，從而形成良性循環。

你還記得第三章關於去中心化建材的案例嗎？該公司有幾個全球性的大型競爭對手，在已開展業務的數十個國家內，也有許多在地的競爭者。他們決定在全球繼續蒐集競品資訊，這是該公司的主要架構基礎：各國總經理會肩負損益責任，並擁有決策權。這些總經理們必須與公司的交易清算部門分享蒐集到的資訊，該部門會跨國縱觀及整理這些資訊，並將預測結果回傳給每個國家的總經理。

例如，該集團可能會報告說：「我們看到全球性的一號競爭對手在寮國和泰國降低了價格，因此請注意他們在柬埔寨可能也會採取相同做法。」當對方在柬埔寨的售價確實下降時，負責該國業務的總經理就會開始迷上這份分析，形成一個良性循環。這些總經理發現，回報這些資訊很有用，因為可以得到更多預報，因此便會分享更多資訊給公司，以換取競品分析報告。之後各國總經理自然也會和集團共享更大量的訊息，從而獲得更多、更好的預測結果，這便使該公司的資訊流得到優化。

建立這套系統化的組織運作系統就是我們的下一步。

流程：在每次策略會議提出分析報告，先建立形象

擁有合適的分析師人員之後，還需要以團隊架構作為他們的後盾。正如我們前面看到的，首要規則是讓流程符合組織架構，而不是與整個組織抗衡。我再補充說明一下這個觀念，就能更了解個中意思。

●把團隊設在對公司影響最大的部門

競品分析團隊主要會擺在三個位置。一、如果公司內有策略長，那麼競品分析團隊幾乎一定會隸屬在他之下，這是最合乎該團隊任務的位置，然而並非每個企業都有策略長。二、在許多大公司裡，財務長會負責規畫策略，所以該部門也可能會歸屬於此。三、行銷部門，這是第三常見的位置。

我針對《財星》一千大（*Fortune 1000*）、《財星》五百強（*Fortune Global 500*）和《富比士》（*Forbes*）名單中最大型的私人企業，搜尋了它們的官方網站，研究負責規畫策略的高階主管身分為何，只有一半多一點的企業網站中，找得到負責策略的高階主管身分，其中六〇%的職稱含有策略一詞（按：會以名詞型的 Strategy，或形容詞型的 Strategic 呈現），一六%的人是財務主管，五%則負責行銷部門。雖然這當中有些重複計算的問題（例如有的人同時被列為策略長和財務長），但它仍然可以有效說明由誰負責公司策略（也等於是負責競品分析團隊）[7]。

我認為，只要競品分析團隊能安插在負責公司整體策略、且受人尊敬的部門當中，其實無論擺在哪裡都可以，合適最重要！如果某個策略長旗下的團隊，僅以收購和盡職調查的形式執行業務，競品分析團隊將無法充分發揮作用，影響力會小很多，因為它無須考慮競爭者要使用的策略，只要負責尋找收購目標。如果某個財務長的團隊專注於追蹤對手過去的財務表現，或者鎖定併購機會，那麼他旗下的競品分析團隊也不太需要找出對手的策略轉變為何。

有些公司將競品分析團隊置於行銷長的職責範圍內，因為它們認為行銷工作通常是在尋找創造競爭優勢的方法。這種行銷團隊通常會追蹤對手的市占率和定價，並進行客戶調查，詢問客戶對於對方產品的偏好程度（通常會與自家產品比較）。行銷人員會知道自家公司該如何與對方較勁，因為他們追蹤了所有對手的市場數據。

然而，運用這些行銷報告的問題在於，你所獲得的不一定是競品分析。行銷報告不一定能了解對手正在開發哪些新產品，也不一定能了解他們的未來規畫，會不會針對定價或行銷策略進行任何調整。諸如，他們正在進入新市場嗎？這種行動不會出現在現有的市場名次排行中；是否正在考慮收購其他公司以擴大市占率？調查客戶偏好也無法提供線索。一般來說，未來的策略行動不太容易從當前或過往的市場數據中推導出來，行銷團隊可能會對自己做出的競品洞察有一種錯誤的安全感，事實上卻對競爭對手未來的行動視而不見（回想一下第三章中蒙哥馬利、莫爾和厄爾班尼的研究）。

將競品分析團隊安插在行銷部門的第二個潛在挑戰，是可能會產生偏見，讓他們認為自家銷售的產品明顯優於對手的產品（因為事實就是如此！）。行銷部門會覺得，不太需要如此嚴格的審視競爭者的真正實力，如果自家公司本來就會擊敗對方了，為什麼還要擔心他們會做什麼？再加上自家產品和服務目前在市場上的優異表現，這可能會讓行銷團隊缺乏足夠的前瞻性來預測對手的行動。

這非批評行銷部門，同樣的風險也可能發生於財務長辦公室內。如果財務長專注於成本效率和優化績效，可能會認為，邊際利潤較低的競爭對手實力較弱。但如果該對手正在投資行銷或研發，以增強其產品組合，這名財務長便有可能忽略掉未來會出現的巨大競爭威脅。無論競品分析團隊隸屬何處，你都需要確保該團隊會專注了解對手的未來能力和潛在行動。

讓競品分析團隊加入對你的公司影響最大的部門。如果你們是一家企業對企業（B2B）的公司，該團隊可能可以隸屬於營運長的職責範圍中，因為需要追蹤競爭對手的流程創新和供應鏈變化；或是也可能屬於行銷長或財務長的職責範圍。再次強調，無論競品分析團隊位於組織內的哪個位置，都要確保他們的任務是評估未來競爭對手的舉動，不會受到誘惑而只專注於現有的比較數據上。

- **團隊管理的原則：能靈活支援**

與該團隊隸屬的組織架構密切相關的是，要決定將它定位為中央管理部門，或分散在各個單位中。若要簡單回答的話，答案似乎很明顯：做出適合組織的選擇。

雖然是這樣說沒錯，但實際上這個決定有點微妙。大多數組織都有一個典型的結構，也就是總部人員會負責做出重大決策，或將權力下放到部門層級。由於**競品分析必須幫助決策者做出抉擇**，因此**讓團隊隸屬於負責做決策的組織總部，往往是優先考量**。其次是讓該團隊的位置能與組織正在制定的特定決策相符，因為即使是最為中央集權的組織，也可能決定將某些決策下放給中階管理層。在上一節中我們說過，你需要開始鎖定一群競爭對手和一組決策，並蒐集相關資訊，因此，請以組織內制定這些決策的方式，來對競品分析團隊做出安排。

例如，想像一下這種情況：企業總部負責領導市場進入、收購和顧客區隔（customer segmentation）等決策，但又讓每個部門自行決定最佳定價和行銷訊息。如果定價和資訊傳遞是這個競品分析團隊最初關切的重點，那麼競品分析師就應該安排到每個部門當中，先指派一名分析師追蹤對手的定價，另一名分析師則負責追蹤他們傳遞出去的訊息。此外，也要在企業總部安排一名團隊經理，負責監督和協調跨部門的競品分析工作。當決策上升到相關層級時，這名經理也可以決定將團隊一起集中到公司總部（要獲得公司高層的認可和支持）。和其他矩陣型組織（matrixed organization）一樣，你應該建立競品分析團隊來滿足與決策者職務相關的需求。

現在讓我們回到建材公司的案例，他們有一個集中式的團隊，會監督、協調來自不同地區的資訊，然而，他們沿用公司的地區架構，分析師可與各國總經理在其職責範圍內交談。

另一個案例是金融服務公司，他們同樣設立集中式的競品分析團隊，但將各分析師安插到公司的不同部門，且每個部門都有不同的策略重點（例如注重消費者、獲利、投資、全球市場等）。其中，每個部門都有一到三名全職的分析師，每位分析師都只負責回應所屬的特定部門。這些分析師會從各自負責的部門以及二手來源蒐集資訊，接著維護相關資料（圖書館的基本功能），然後定期舉行全體會議，整理出與特定部門相關的綜合見解並發布電子報。每個部門內會有特定人員被指定為競品分析人員的資料蒐集點，確保組織內資訊上下流通的管道堅實可靠。該部門的員工會和競品分析師共同決定，競品分析團隊為其提供的是被動支援（競品分析團隊得先收到該部門提出的分析要求），或是主動提供（競品分析團隊主動為其更新資訊並發布新的洞察）。不同部門有不同的需求，而該金融服務公司的組織架構也讓他們得以回應各種需求。

集中式的團隊架構，讓全職的競品分析師可以定期會面，比較不同部門對同一競爭對手的看法。如果「競爭對手銀行」已經開始進軍特定地區的商業金融業務，該資訊可以分享給零售部門的競品分析師，然後該名分析師便可向該地區的零售部員工提及此事。這種架構可以讓競品分析團隊非常專注的提供詳細且相關的洞察，但也不會因此忽略驅動對手前進的更大趨勢。

因此，究竟**競品分析團隊應該集中還是分散？答案是不一定**。原則是讓該團隊能符合組織原本的架構，並保持組織內部原有的靈活度，以符合決策者偏好的流程提供支援。

●成立初期先追蹤一、兩個對手就好

另一個關鍵問題是競品分析團隊應該追蹤的資訊類型。不過，這件事常常會破壞團隊整體的主動性，最終導致團隊遭受淘汰。原因在於，應該追蹤的資訊類型看似顯而易見，但其實答案並不正確。你不應該嘗試蒐集所有競爭者的各項資訊，或組織內每個人要求的所有資訊。試圖提供一切、讓所有同事無所不知，這是不可能的事情，在剛建立競品分析團隊時尤為如此。反之，應該從小事做起，集中火力。

這麼做似乎違反直覺，而且一定會導致某人向競品分析團隊尋求特定主題或對手的資訊時，結果卻收到這樣的回覆：「抱歉，我們現在無法幫你。」對於任何精通客戶服務的人來說，拒絕潛在用戶是很讓人反感的事，他們也擔心這會在組織內產生難以扭轉的負面觀感。然而，接受任意要求的風險在於，你提供的訊息可能淪為無法導出下一步行動的無用洞察，尤其在立即需要資訊、且分析師必須從零開始的情況下更是如此。收到這些資訊的人，幾乎一定會因此認為競品分析團隊毫無價值。

回想一下新生兒加護病房護理師在建議三最後所提出的建議：有時，如果你知道稍候一下就會得到更好的檢驗結果，那最好不要現在就檢查。因此，競品分析團隊此時應該如此回應：「很可惜我們目前沒有追蹤該競爭者（或該議題），但我們會記下這個需求，把它加入待解決的議題列表。同時，我們可以提供同類型另一個對手如何解決類似問題的看法，也很樂意安排時間與你討論，如何將這些資訊應用在你所面對的情況之中。」每位稱職的策略家都會告訴你，要制定出好的策略，就要明確告知自己往後會做什麼、不會做什麼，而你的競品分析團隊也應該如此。（說實話，如果要求得到這份競品分析報告的員工不停提出此一需求，且又具有足夠的資歷，那麼她可能就能說服公司擴編競品分析團隊了。）

從小事做起，選擇一、兩個競爭對手來追蹤。詢問幾位關鍵策略的決策者，想多加了解哪些競爭者；以及問這些領導者，認為哪些類型的決策最具挑戰，例如定價、市場進入、產品組合、收購或合作夥伴關係。從他們的回答中選出一些選項，讓競品分析團隊快速了解特定對手和所需的洞察，便能產出直接且實用的洞察報告。開始了解並監控這些競爭對手和相關情況之後（需要套用正確的時間間隔，設定出正確的追蹤指標），可以將工作範圍擴大到其他對手或決策上。從小事做起，保持專注，並透過兌現集團的承諾來贏得擴編團隊的權利。

●在現有系統中加入蒐集情報的問題

我們在「人員」這一小節看到，你需要鼓勵員工和競品分析團隊分享資訊。做法是，先使用現有的報告流程，並於當中加入少量蒐集競爭情報的問題。一旦大家都更熟悉這套流程之後，就可以增加蒐集的資訊量。

例如銷售人員使用的客戶關係管理（CRM）系統，你可以在事後回饋表單中新增兩個條目，第一個是選擇題：「你今天的談話內容中，有提及哪些競爭對手？」選項會包含排名前三重要、且需要追蹤的對手（上面提過的對象，最多三名），並且增列一個可以自行填寫的「其他」欄位。第二個條目是：「與這些競爭對手相關的對話中，談及了哪些話題？」選項放入該小組想要涵蓋的主題（前面提過的主題），例如定價、產品上市、市場進入等，並也附上「其他」的空白欄位。如果想進一步推動銷售團隊，還可以新增「如果想與競品分析團隊的成員討論你聽到的事情，請在此處打勾」。與其讓業務人員在文字方塊中輸入一長串文字，後面這種做法比較可能得到經過深思熟慮的內容。

誠然，這些資料無法讓你立即洞察出競爭對手的計畫，但它們可以做到兩件事。首先，它能開始訓練業務人員針對競爭對手進行思考，讓他們多注意這些對手何時會出現在銷售相關的討論中。（它甚至可能啟發某些人提出問題，因為他們希望更了解對手的產品或定價，但記得要請公司內部的法律顧問，事先訂定出可以提問的範圍。）其次，它提供了一個簡單的追蹤方式，讓你了解哪些競爭對手會被提起，其中又涉及了哪些議題。這樣就能得到一個追蹤每個對手和不同議題被提及次數的簡單演算工具。

如果客戶關係管理表單上顯示了多個競爭對手，系統不會告訴你哪些競爭對手與哪個議題有關，但如果運算出來的結果顯示，這些業務人員多次提起某幾個對手和議題，這就很清楚的代表，這些競爭者正在大力推動某些策略（如同我們在第四章中討論過的內容）。競品分析人員現在也能更容易的追蹤業務人員提供的資訊，並提出更具體的問題：「你說本週從好幾個客戶口中都聽說了競爭對手X的消息，而且全部都與定價有關。我們可以聊個十分鐘，談談你所聽到的事情嗎？」

其他第一線員工所使用的報告機制，也應遵循相同的流程。當採購辦公室與供應商交談，或者物流人員與經銷商交談時，請他們也一樣記錄下這些簡單的資訊。在研發人員參加會議，或者組織中的任何人參加產業會展時，你也可以將相關問題加入現有的會後報告中。

隨著競品分析團隊和相關流程在公司內更為人熟悉後，你可以慢慢在各種系統中加入更多問題及選項，並提供更多開放式問題的欄位。但一次只要新增一個問題就好，且新問題不應該讓第一線員工感到不知所措，過幾週之後再問他們是否注意有新的問題，並徵詢他們有沒有簡化流程的建議。

● 定期參與策略會議

你已經建立好正確的形式，安排了合適的人員，並確定他們要優先關注的競品分析類型為何，最後要解決的問題是，何時需要在戰略決策中請出競品分析團隊？是不是真的需要這種團隊，而不是讓組織內部自行發展出知識市場（按：分配知識資源的機制，例如是視為公共財可自由共享，或視為受法律保障的財產，可以傳統市場機制分配）？作為一名經濟學家，我可能會很自然的回答：「讓市場決定。」不過，其實在這種情況下，我認為需要主動推動一些方案，才能培養公司內部的市場，並為它奠定良好的發展基礎[8]。接下來看看，規定必須參考競品分析報告的工作事項大致包含哪些？

其中一種是，**在每場高階主管的策略報告會議之前，先請競品分析團隊做一次分析**。舉個例子，上述金融服務公司的執行長可以在每次策略會議開始時詢問：「你有沒有和競品分析小組一起仔細審視過這個計畫？」如果答案是「沒有」，專案負責人就必須立即離開會議，並且先與競品分析團隊開會討論其構想後，再重新安排時間報告。而正如我們所預期，這種事件不常發生，執行長並未強制要求負責報告的單位改變提案內容，或遵循競品分析團隊的建議，但這種做法能創造出一個微妙的強制執行機制，也為競品分析團隊建立起形象：他們是受到重視的參謀團隊，可以為大家檢視構想，並提供不同的觀點。

此外，該執行長會知道，這些想法已經接受過預期市場反應的檢驗。中階經理人常常認為他們的組織優於競爭對手，並認為對方的產品和服務較為低劣，所以不會認真看待。競品分析團隊可以充當魔鬼的代言人，或者獨立發聲的單位，藉此彰顯競爭對手將如何攻擊你最具創意的新構想。請記住建議八中刑警和古生物學家的經驗，找人扮演唱反調的角色，就可以避免以單一視角看待世界。

推動員工諮詢競品分析團隊的第二種方法，是**要求高階主管在每月、每季或每年的策略會議上，留出**一〇%到二五%的**時間來討論產業發展**。然而，與平常不同的是，每個與會者都會被分配到不同的角色，要從不同競爭對手或利害關係人的角度，來辯論此一主題。與會者必須和競品分析團隊合作，以確保了解自己被分配的角色，並能用該角色的身分來討論。大家應該在好幾個會議週期中都扮演相同的角色，這樣可以建立對該對手的熟悉度，並更能掌握該角色，之後再定期交換身分以保持練習的新鮮感。（這種策略會議演練，是應用精簡版商戰遊戲的概念。）

儘管你可以使用更正式的商戰遊戲或黑帽演練，來針對競爭對手得出最初階段的洞察，但其實無須那麼極端，使用第一章和第六章中的建議來製作最初階段的角色扮演資料手冊即可。如前所述，為每位高階主管指派一個企業，讓他們在未來幾個月內進行追蹤，必須與直接下屬和競品分析團隊合作，蒐集並綜合整理相關資訊，這會讓他們更能掌握自己扮演的競爭者或利害關係人的最新資訊和相關洞察，也能讓各部門和競品分析團隊建立直接的關係，這是額外的好處。

現在討論的這第二種做法，是將追蹤競爭對手的責任分散到高階主管身上，他們不必各自追蹤三到六個主要的競爭對手，只需要各自追蹤一個即可。如果季度會議之間有相關討論需求，大家就會知道應該與誰交流，以深入了解其他競爭對手。

定期舉行角色扮演會議來討論最新的產業發展，將有助於了解哪些競爭對手是目前最大的威脅，或最具有優勢（這將成為第四章分析工作的基礎）。認真執行這項工作，也能讓你確定公司應該進一步研究哪些對手，以獲得更合適的競品分析（第一章和第二章中的框架）。這樣一來，競爭對手就不太可能躲過你的法眼，並讓公司感到訝異了。領導層將能聚焦於競爭對手的狀況，知道誰比較強、誰自認比較弱、我們對誰的了解還不夠深入，也許可以用下列主題展開討論：

1. 產業當前的新聞和發展（例如新產品、收購案、價格變動、領導層變動）
2. 組織面臨的潛在策略挑戰
3. 產業的長期變化（例如監管單位的變化、地緣政治發展、科學及技術的創新、客戶趨勢變動等）

在定期的高層領導會議之間，臨時召開的討論也將提供了解對手並推動策略思考的機會。在逐步制定計畫的同時，這些主管可以這樣要求大家：「戴上你扮演的競爭者角色帽，告訴大家，你對我們的計畫會做出何種反應。」透過扮演競爭對手的方式來討論產業動態和變化，高階主管們就不太可能誤判情況，誤認為產業將以有利於自家公司偏好的結果來發展（或者競爭對手將做出有利於我們公司的選擇）。

績效：先分析過去競爭案例，贏得高層支持

與任何組織面的變革一樣，你需要追蹤已經在實行的競品分析流程，了解它們對提高公司的績效有多少助益。我將討論一些可用於評估競品分析團隊表現的指標，然後探討一下，如何刺激高階領導層產生對競品分析團隊的需求。

● 從公司目標衡量競品分析的成效

與任何組織一樣，用來評估競品分析團隊績效的指標，應與公司想要追求的目標有關。假設一家公司正在努力增加市占率，他們可以衡量自己的市占率相對於競爭對手市占率的變化，而不是只追蹤自己的變化。對此，比率大於一是理想的數字。以下是一些建議使用的指標，但它們應該要能符合組織的特定需求。

內部指標分為三種：個人、團體、公司。對於競品分析團隊中的每個人，你可以依這些標準

來評估：

1. 針對與競品分析師合作的部門和高階主管進行滿意度調查。
2. 競品分析師的預測有多準確。
3. 獲得競品分析報告的員工數成長率。
4. 對競品分析團隊提供相關資訊的員工數成長率。

至於團隊績效，你可以使用和上述事項類似的指標，但要以整個競品分析團隊來彙總。你也可以如下評估：

1. 高層級別的報告書中，競品分析團隊有署名的報告占比。
2. 與競品分析團隊有關的所有產品獲利（以及獲利成長率）（請記住，你會從小地方出發，所以這會讓你看到競品分析團隊對所有部門的影響程度和速度）。

最後，公司層級的績效應該相對於（你有追蹤的）競爭對手績效來做評估。指標可能包括：

1. 公司每股盈餘相較於競爭對手每股盈餘的成長率。
2. 與競爭對手相較下的市占率（和其成長率）。
3. 與競爭對手相較下的利潤（和其成長率）（使用與自身產業最相關的利潤指標當作衡量標準，例如稅前息前淨利〔EBIT〕、稅前息前折舊攤銷前獲利〔EBITDA〕、淨收入等）。

4. 與競爭對手相較下的新產品上市狀況。

這些指標將有助於評估，競品分析團隊是否能滿足公司的需求，並對整體績效產生正面影響，且其影響力是否有逐步上升。

● 建立預測及追蹤數據，爭取領導層支持

讓競品分析團隊獲得高階領導層的支持非常重要，因為競品分析工作通常被視為成本中心（cost centers），它們不會在市場上銷售任何產品或服務，因此不會帶來任何直接收入。如果沒有高層的支持，下次公司需要削減成本時，競品分析團隊幾乎肯定會淪為首要裁撤對象。因此，擁有一套可靠的衡量標準（例如上列指標），將有助於證明該團隊能帶來的影響力。

但真正的問題在於，在擁有足夠的內部數據來證明這一點之前，如何先說服高階領導層我們需要競品分析團隊？為了爭取他們的支持，首先要蒐集公司曾面臨過的嚴峻競爭反應相關事例，可以與來自不同部門和地區的經理交談，取得這些軼事案例。讓他們描述一下對競爭者舉動感到驚訝，或是絕妙的新想法因為對手的行動而使預期收益化為泡影時的情況。一旦從公司內部蒐集到夠多的故事（競爭效應越大越好），就可以寫一篇文章來說明，競品分析團隊以及第一章到第四章中的框架如何發揮作用，讓你們在對手做出回應前，就先預測到他們的反應。

當然，你無法用後見之明來佐證事前能夠據此得出完美預測，但你要證明的不是事實為何，而是要想辦法讓高階主管互相分享那些「恐怖故事」。例如下面這些事例：

還記得我們主要的跨國競爭對手在非洲大幅降價時，剛好是我們推出新產品的時候嗎？那件事是怎麼讓我們蒙受一億美元的財損？還記得我們常說：「如果早點知道的話，就能在那次攻擊中活下來了。」現在發現，在歐洲和亞洲的另兩個對手過去在推出新產品時，在非洲大降價的那個競爭對手，也對他們做出同樣的事情。我們進入非洲市場時沒有注意到此事，是因為歐洲和亞洲的產品銷量一直沒起來，但我們應該早點知道這件事，而且應該可以預先得知的！我們需要一個競品分析團隊，這樣就不會再發生這種事。一億美元的意外事件不該成為常態。

在你得到初步的支持來建立團隊後，請立即開始蒐集上述的績效指標，且特別重要的是，要做出預測、追蹤成效，並衡量它們對公司業務的影響。這些數據將成為競品分析團隊持久存在的理由。

在向部門經理提供預測後，偶爾追蹤一下他們的狀況，問他們：「如果你們沒有預先準備好如何回應競爭對手，我們會蒙受多大的損失？」再次強調，這些問題並不是為了提供與事實相反、且可排除合理懷疑的證明，而是要創造一套論述，也就是競品分析團隊能確實發揮其功用。

許多競品分析團隊會逐漸凋零，是因為在考慮降低成本時，很容易成為裁撤目標。但如果有絕佳的故事和數據指標支撐的話，你的公司就會比較清楚這個團隊能創造的價值，這樣領導層就會繼續投資這個團隊，並擴增它的實力。

從行銷分析儀表板打造競品分析的版本

各個企業都已經在使用許多不同的儀表板（按：呈現、監控、分析企業或組織數據的工具），來追蹤在公司內外循環流通的海量「大數據」。行銷儀表板追蹤的是消費者情緒和定價，而營運儀表板則追蹤庫存水位和供應商定價，還有其他類型的儀表板可以追蹤財務指標。然而，雖然追蹤競爭數據至關重要，但我還沒找到適合追蹤、處理本書討論的資料型態和競爭資訊的儀表板。

有些公司會追蹤對手在定價、專利、市占率和公開財務數據的歷史資料，但請記住，這些是他們當前的成果，而不是未來做出選擇的驅動因素。完整的儀表板要追蹤多項歷史指標，以及對手新聞稿和公開文件中的文字內容，透過文本探勘來挖掘趨勢，這是第一章中的第一步驟。這個儀表板還應該追蹤與競爭對手的能力、合作夥伴關係、研發支出、徵才內容和品牌價值有關的資訊，這些是第一章中的步驟二，也是驅動未來資產和資源的因素，而不僅只是涵蓋現有資產和資源而已。這個儀表板還得追蹤新員工資訊，並涵蓋他們的背景介紹（第一章的第三步驟）。更別忘了第五章中的建議三：要以系統化的方式蒐集資料，這樣才能在需要時取用。

但最關鍵的是，儀表板中也應該要有欄位提示使用者，輸入他們自己預測的內容，並將這些預測儲存起來，且為儀表板中的各個單元加上可以尋找這些資訊的標籤，這樣一來，如果儀表板中的相關單元有所更新，系統便會提示使用者再次檢視預測內容。系統中還會加入每筆預測的到期日期（請記住，這是第一章和超級預測會出現的最佳實踐：進行短期預測並得出明確的結論）。當該日期來臨時，系統會提示使用者評估該預測是否成真（也要能接受一些模糊地帶，特別是對於競爭對手內部流程的預測，因為這很難從外部確定）。

你可能會想：「這聽起來很酷，我們要怎麼拿到這個儀表板？」我也希望可以提供給你一個連結，但不幸的是，最大的挑戰並不在於儀表板內的結構，而是蒐集資料這件事[9]。

市場上的歷史資料一直都在那，可以導入到系統中使用（就跟多數進行業務分析的儀表板一樣），但請記住，我們想用的資料，是關於驅動特定對手未來選擇的資訊。這些資料存在競爭對手的網站上，但並非每個公司都將它們儲存在網頁的相同位置。目前，若要從每個競爭者網頁中獲取儀表板上所需的相關資訊，想要設定好連結來一一抓取資料實在太費時費工。而且，如果對方更新了網頁，這些連結可能隔一週就全都失效了。（我曾有過這類經驗，我之前整理了一份《財星》一千大及全球五百強名單中，各公司高層人物傳記資訊的網頁連結，幾週後我回去查看領導層是否有變化時，有些連結已經失效了）。另一個挑戰是，當資料全都集中在一個外部位址時（例如 LinkedIn 上的高階主管背景資訊），要抓取這些網站上的資料會有一定的限制。

要開始設計競品分析儀表板，可以先套用你的公司已在使用的行銷分析儀表板，但要知道這還不夠，還須加入驅動未來決策的因素，儀表板才更完整。不幸的是，機器學習目前的發展，還無法讓你指示機器人去對手的網站上搜尋，並獲取你需要的資訊。可以詢問你公司內的ＩＴ技術部門，問他們是否可以建立一個簡單的介面，來匯入上述的事後回饋資訊（請參考應該如何蒐集資訊那個小節），以及一個讓競品分析人員可以手動輸入競爭者資訊的欄位，並加上簡單的標記功能。把這當作儲存資料的位置，以便日後搜尋資料（請記住第五章建議七中的課題：新生兒加護病房的護理師使用的是數位化的健康追蹤圖表）。最後，也要開始建立人工智慧／機器學習分析系統，藉此挖掘資料以獲得更深入的洞察。

每個人都認為自己了解什麼是**競爭情報**，但大多數人其實不懂。這**不僅僅是閱讀有關對手的資訊而已，還要彙集多個來源的數據並交互檢驗，來對可能出現的行為進行獨立的預測**。就像前述金融服務公司的競品分析主管告訴我的，他經常發現其他人的競爭情報工作充滿漏洞：「大多數公司將競爭情報視為資訊，而不是洞察。」然而，洞察就是個中的關鍵。

我知道我不太可能說服每個公司，將其競爭情報團隊的名稱更改為「競品分析團隊」，但即使不改名稱，你也應該考慮在組織內建立一個團隊，他們不僅只是蒐集資訊，還要將資訊綜合整理成可用的觀點，以幫助推動戰略決策。讓這個團隊可以無縫的整合進組織當中，讓公司的每個人都覺得有必要與其他人分享所得到的競爭情報。美國政府為了應對九一一事件或其他規模相同的大型攻擊，創建了很多新單位，但你不必像美國政府一樣。先從小地方做起，並讓大家看到你的成效，藉此獲得擴團隊的機會。

第八章

弄清楚你跟對手「哪裡不一樣」

為什麼我們需要擔心競爭對手？企業、市場和經濟環境在數位時代已經有了改變，所以我們只需要有平臺，和以消費者為中心的策略即可，不是嗎？我認為，競爭原則仍然適用，且歷久不衰。我們生活在一個資源有限的世界，而且總會有其他團體一直努力尋求獲得更多資源。商業策略最基本的概念之一，是要確定如何創造價值，並獲取你所創造出來的價值。

創造價值這件事，是平臺、合作夥伴關係、合資企業和以消費者為中心的概念，能真正蓬勃發展的地方。但要獲取這些價值仍會是一場競爭，它存在於你和平臺合作夥伴之間、與下游供應商之間，甚至和客戶之間。我希望這本書能讓你更了解互動對象的心態，可以為組織獲取更多價值。而如果這也會為你的平臺，或其他生態系統中的利害關係人帶來更多價值，那又何妨！

競爭對手不會不理性。古希臘哲學家用「理性」一詞，來指稱那些使用事實和理論（即符合邏輯、結構化的分析）來理解世界的人。理性的人不同於那些依靠感官經驗（「我看到那個了！」）、神意或機構權威作為知識來源的人。換句話說，如果我們以事實為基礎，並使用有系統且一致的分析方法來評估這些事實，那麼我們就是理性的人。競爭對手之所以看似不理性，是因為我們將自己的目的和目標投射到他們身上，或者希望他們做出利於我們實現目標的選擇，但我們自己不見得有意識到這一點。

當競爭對手做出無助於他們實現目標的選擇，或不以眼前的事實為基礎而隨機做出決策時，這樣才真的是不理性。你經常對決的大型競爭者可能不理性，這也代表他們今天能如此成功純粹是靠運氣，但我們知道這不太可能。反之，我們應該假設對方會理性用事，只是我們還沒有弄清楚他們的目標而已，而且也還沒開始從他們的角度看待競爭格局。如果有這麼做，就比較能看清他們會理性行事這一點了。

我誠心希望本書概述的框架和流程，能為你打下基礎，好好建立競爭洞察能力。從第一章中關於「了解競爭對手腦中想法」的基本框架，到一系列能預測他們會如何對你做出回應、又會主動發起哪些行動的問題，你現在有了一套簡單的結構化分析系統，可以重複在不同的時間點應用在不同的競爭對手身上。從其他專業人士身上學到的那些技巧（他們同樣無法直接要求其研究、照護和調查的對象現身說法），讓你現在可以用一些不同的方法來調整心態，使做法更加系統化。最後，你還可以與公司中的其他同事一起進行一系列的演練和研討，也知道如何將這些流程嵌入整個組織當中。

你與對手之間的不同，就是真正威脅所在

我想鼓勵你將本書中的建議視為首要原則，它們是制定任何競爭策略的基礎。我常常覺得，常見的策略建言很難應用，也能理解，你為何會想要將事業轉移到沒那麼競爭的市場，但是如果有一個競爭對手（或多個對手）跟著你一起進入新市場，那該怎麼辦？或者是因為其他公司曾到該領域拓展，但並未成功，因此才沒有競爭對手？也或許所有競爭者都決定進攻這個新領域（因為他們也聽到相同的建議），只剩下你在原來的市場中孤軍奮戰？

從來沒有一個清單會這樣寫：「為了能讓這個策略行動成功，產業和你的公司需要滿足以下具體條件……。」雖然的確有一些可用的潛在工具，但策略家必須決定什麼才是正確做法。一般的建議會像前面討論過的理論賽局解決方案那樣，策略顧問會闡述他們對競爭對手的理解，但接著往往便轉而關注你的組織應該做什麼，而不去思考對方會如何回應你的行動，那不會是策略提議的主題。但我想把重點聚焦在競爭對手身上，並思考你如何與對手們（持續）較勁。

本書的目標，是幫助你以正確的心態面對競爭者和生態系中的其他對象（例如平臺合作夥伴、供應商、經銷商、互補財廠商以及任何與你互相依賴的其他群體），這樣你就可以確定要調整哪些策略槓桿。如果你可以定義出正在玩的遊戲內容為何，我絕對有信心你可以找到正確的解決方案。請記住，競品分析是一種心態，而不是一種工具。

最後我想再提供一項演練，是我用來幫助企業識別其競爭優勢的方法，但在這裡做了一些微調。請先選擇一個競爭對手（你在市場上經常迎戰的對手），並寫下你認為他們的獨特之處。是什麼讓他們更優異？哪些因素促使顧客選擇他們的產品或服務？他們又擁有哪些你和別人都不具備的能力和實力？然後審視一下這個清單。如果有客戶或供應商看到這個清單，會不會認為描述的是你們公司，而不是你的對手？如果是這樣，代表你還沒有弄清楚你們之間的差異何在。

沒錯，**有些競爭對手的行為與你類似，但他們的做法總有些不同之處。你的工作是要弄清楚那個「不同之處」，釐清之後就能做出更好的預測**。弄清楚對方要做的事可以跟你們自己有何不同，而這就是他們對你的策略計畫真正的威脅所在。

我在這篇結論的最開頭就先指出，競爭對手仍然很重要，因為我們仍然在與他人競爭，試圖從市場中獲取價值。然而，我還是要再次強調，這些框架、流程、思維，以及依此而產生的洞察，也可以應用於更廣泛的市場，或網路中的其他人身上。例如，你可以評估供應商或經銷商將如何回應你的策略計畫？平臺互補財廠商將如何使用你的平臺來增強自己的產品？重要客戶是否正在考慮改變他們的生產流程，以致不再需要你的產品和服務（或提高競爭對手能來跟你搶合約的可能性）？

另外，政權輪替也可能會導致法規和政策面的變化，而當地緣政治的主控者做出我們不會做（或不希望他們做）的選擇時，他們通常就會被認定為「不理性」。儘管全球化在過去幾年一直飽受攻擊，但它仍然是未來管理業務的重點之一，因此你也可以應用這些技巧來嘗試預測那些政治行為。

第一章的框架可以用來思考，這些變動可能出現在什麼地方，無論面對的另一個組織為何。你確實不會受限於無法與其他利害關係人直接交談，但是如果你曾在與任何一方的會面結束後心想：「我不太確定是否已經了解整個來龍去脈。」那麼請使用本書中的概念和框架，來更加了解這些利害關係人的心態。如果你的分析結果證實了他們的說法，你會因此而安心；但如果他們的陳述和你的見解不盡相同，這種不一致性也會增強你的知識和洞察能力，可以在後續對話中更深入的挖掘事實，直到探究出他們真正的意圖為止。

從本質上來說，本書中描述的框架和技巧，旨在讓你能夠更加同理生態系中更多不同的互動對象，無論你的公司從事何種事業，或者其他團體如何與你們互動，你都能更理解他們。我們一直在關注的是競爭對手，但相同的原則也適用於合作夥伴、互補財廠商以及任何與你互動的對象，同時也適用於商業情境、與公部門（包含地方、國家和國際層級）和公益團體的互動。

設身處地為他人著想，從他們的角度看世界。畢竟對方和你一樣努力的生存和茁壯。如果你能夠套用他們的思維方式，並理解他們為什麼那樣做，你將能做出最佳選擇讓自己獲勝，而這就是我們的最終目標。

謝辭

每當讀到一本書的謝辭時，我總是驚訝於要感謝這麼多人，我曾經好奇，是不是真的有那麼多人為一本書的出版有所貢獻。在經歷出書的過程後，我可以肯定的說，從內容構思到出版的每一步，都有很多人幫忙出一份心力，而我也想為這個傳統添磚加瓦。

首先，我要感謝我的家人，我的妻子瑪吉（Maggie）和三個兒子，在我出書的過程中他們給予很大的支持。當我沮喪時，他們鼓勵我繼續努力工作，其中一個兒子會告誡我要繼續寫，這樣才不會錯過出版社的截稿期限！我年紀最小的兒子還是夢想成為一名古生物學家，是他幫我草擬了第五章的引言。

感謝我在就讀密西根大學時的兩位經濟學教授：肯・賓默爾（Ken Binmore）教授了我賽局理論，並澆灌了我對經濟學這門學科的熱愛和驚嘆；還有吉姆・亞當斯（Jim Adams）鼓勵我申請經濟學博士，並且在這一路上不斷照顧我。同時也要感謝我在就讀哈佛大學經濟學博士時，教授我賽局論的教授埃里克・馬斯金（Eric Maskin），他讓我相信，我能夠用更縝密、更嚴謹的眼光去理解賽局理論這個主題。

在麥肯錫公司（McKinsey & Company）工作期間，許多人向我伸出了援手。謝謝蘭尼・門賈卡（Lenny Mendonca）打從一開始就相信我，不斷鼓勵我去追求夢想（比如寫一本書）；謝謝雅納米特拉・德瓦恩（Janamitra Devan）讓我有機會成為商戰遊戲專家。謝謝約翰・史托納（John Stoner）完全就是一位提攜後進的前輩，他是我第一次設計、建構跟執行商戰遊戲的合作夥伴，還給我機會領導幫客戶執行商戰遊戲的專案，他那時說因為「你很清楚你做的每一件事情」。謝謝凱文・柯伊恩（Kevin Coyne）在我們遭遇困難時接手了團隊，甚至給了我很多寶貴的機會，這是我連作夢都不敢想的。謝謝休・科特尼（Hugh Courtney）幫助我理解他替客戶舉辦的賽局理論工作坊，讓我參與商戰遊戲互相激盪。謝謝安德魯・塞爾格倫（Andrew Sellgren）幫助我順利適應新環境，在那裡我接替了休和安德魯之前擔任的職位。

謝謝湯姆・赫比格（Tom Herbig）啟發了書中第五章的概念，「因為刑警無法和謀殺案的死者交談，我們去問他們的工作方式如何？」；謝謝賈揚提・卡爾（Jayanti Kar）和戴維許・米塔爾（Devesh Mittal），兩位是我剛開始工作時非常珍貴的團隊成員，是他們幫助我熟悉工作、抓到訣竅。芮妮・戴（Renee Dye）是位很棒的意見交流夥伴，他的話總是像顆定心丸，也總是鼓勵我相信自己和自己擁有的能力。謝謝比爾・威斯曼（Bill Wiseman）讓我充滿信心，他讓我代表他跟高科技產業大客戶的董事長會面，理由是：「你是商戰遊戲專家。」

謝謝凱文・麥克倫（Kevin McLellan）和梅麗莎・舒靈（Melissa Suelin）歡迎我參與他們的定價練習，進行了好多次模擬談判；謝謝艾倫・韋伯（Allen Webb）總是願意傾聽我關於文章的想法，還幫助我成功將一些想法化為文字。謝謝肖恩・布朗（Sean Brown）在我離開公司並開始著手撰寫這本書後，成為我寶貴的人脈之一。其他無法一一列舉的人我也心懷感謝，包括策略實務領域的同事，這個熟悉的領域曾經是我長達九年的歸屬。

這些年來，我有幸跟許多客戶在商戰遊戲與競品動態的議題上合作，如果忘記感謝這些貴人，那就真的說不過去了。我無法公布他們的姓名，但是他們願意信任我去處理那些大型、棘手的策略問題，而這些經驗都是豐富的養分，成就了這本書中各種概念與觀點。

這本書同時也是我跟許多作者共同研究、討論和拓展的成果包括丹恩・洛瓦羅（Dan Lovallo）、休・科特尼、杰揚蒂・卡爾（Jayanti Kar）、凱文・柯伊恩和瑪拉・卡波茲（Marla Capozzi），我和這些人進行過許多次深度對談、寫作討論和來回修改草稿。

我還要特別感謝華盛頓大學聖路易斯分校奧林商學院（Olin Business School at Washington University in St. Louis）的一些人，謝謝馬亨德拉・古普塔（Mahendra Gupta）願意冒著風險，讓一名顧問轉變成一名教授；謝謝安妮・瑪麗・諾特（Anne Marie Knott）一直支持我的想法，而且是透過她，我才找到作家經紀人，如果沒有她，這本書就不會出版。謝謝彼得・鮑姆加登（Peter Boumgarden）願意和我辯論想法，特別是深入探討何謂理性的哲學問題；托德・米爾伯恩（Todd Milbourn）給予我精神上跟友誼的支持。謝謝馬克・泰勒（Mark Taylor）和奧哈德・卡丹（Ohad Kadan）對我所能做出的貢獻給予支持與信任，以及奧林商學院經濟系的同學讓我有家的感覺。

最後，感謝我有幸教過的所有學生，特別是那些傾聽我闡述本書提及想法的同學。謝謝我曾經教過的凱文・法爾（Kevin Farr），以及他在CNTRD（一間提供商業諮詢和服務的企業）的合作夥伴麥可・熊（Michael Hsiung），在幫助我構思競爭洞察儀表板的可能性上，扮演了很重要的角色。

我希望能夠逐一列名感謝願意花時間討論他們分析過程的受訪者，這些討論成為了第五章的內容。對於他們願意為不同領域的對象騰出時間分享，並且以自我反思的方式討論自身的經歷和想法，這點我會時刻銘謝在心。

特別感謝我的經紀人，在文學經紀公司Aevitas任職的艾斯蒙德・哈姆斯沃斯（Esmond Harmsworth），他不僅信任我完成這本書的能力，還協助打造一份成功的提案，付出了比我預期更多的努力。他總是督促我精煉思考，幫助我呈現更加清晰的論點，讓這本書的成品比我想像中的還要更好。

感謝艾米莉・泰伯（Emily Taber）、凱瑟琳・卡魯索（Kathleen Caruso）、安東・帕克（Antonn Park），以及麻省理工學院出版社（MIT Press）的工作人員。艾米莉對初稿的評論和回饋，把這本書調整成我一直想要的、更好的版本；還有凱瑟琳和安東的協助，把這本書打磨成最終成品。同時我也感謝三位匿名審稿人的意見回饋，他們的評論使我不得不思考，如何更清楚易懂的呈現這些想法。我很榮幸成為這個新系列叢書和麻省理工學院大家庭的一員。

感謝阿曼達・德波德（Amanda DeBord）編輯這本書早期的草稿，她修訂後的版本，幫助我在完成草稿時更加著重書中的概念。

最後，還有太多的朋友和家人值得感謝，他們在我出書的路上給予了支持。感謝我的母親諾埃爾・霍恩（Noël Horn），她的愛與幫助，以及還幫我編輯了這本書的初稿。感謝我的姐姐杰姬・霍恩（Jackie Horn）和弟弟克里斯・霍恩（Chris Horn），在我們一起長大過程中陪我玩遊戲，包括我們自己發明的各種遊戲，是他們陪著我開啟了這條遊戲之路。還要特別感謝坎蒂斯（Candice）和安迪・克勞斯（Andy Clauss）、史蒂維（Stevie）和瑪歌・德雷克（Margaux Drake）、格雷格（Greg）和莎菈・簡・伊士曼（Sarah Jane Eastman）、史蒂夫（Steve）、林賽・卡夫卡（Lindsay Kafka）、保羅（Paul）和伊蓮・歐康諾（Elaine O'Connell）多年來的支持。最後，感謝我的叔叔提姆（Tim）和阿姨萊絲莉・伍斯特（Leslie Worcester），在這些年不斷鼓勵與支持我。

備註

序章

1. Tyler Clifford，〈Domino's Pizza CEO Says There Is 'Irrational Pricing' in the Rival Third-Party Delivery Marketplace〉，https://www.cnbc.com/2019/10/08/dominos-ceo-irrational-pricing-exists-in-the-delivery-marketplace.html（消費者新聞與商業頻道〔CNBC〕，二〇一九年十月八日）。
2. 由於調查以英語進行，因此調查對象為美國、加拿大、英國和印度企業的主管級及以上人員。
3. 排除了每個策略類別中所有選擇「不確定」的回答。
4. 在調查過程中，不理性問題和令人驚訝的問題顯示在不同螢幕，參與者不太可能依照順序記住十三道問題所有答案再回答。應該也不太可能回過頭去，把不理性問題的答案寫下來。因此可以合理認定，參與者的答案沒有受到交互影響。
5. 我與本書中提及名稱的沒有顧問關係（至少在我所寫到的議題上沒有）。所有提及企業名稱的案例，都來自外部市場分析或第二手資料來源。我曾協助顧問過的企業，皆以匿名或只提及產業別的形式出現。
6. 〈Branson Challenges BSkyB over ITV〉，http://news.bbc.co.uk/2/hi/business/6163162.stm（英國

廣播公司新聞部〔BBC News〕，二〇〇六年十一月十九日）。

7. Fergus Sheppard，〈BSkyB's ITV Move under Fire〉（《蘇格蘭人報》〔*The Scotsman*〕，二〇〇六年十一月二十一日）。

8. Lisa Murray，〈Murdoch Slams Broadband and Crowe Film〉（《雪梨晨鋒報》〔*Sydney Morning Herald*〕，二〇〇六年十一月十六日）。

9. https://twitter.com/elonmusk/status/873116351316938753。

10. 著名行為經濟學家丹・艾瑞利（Dan Ariely）曾經提出，即使從理論觀點來看這些屬於不理性的特質，但在決策過程中還是具有一致性，而這正是我們需要聚焦的關鍵：如果競爭對手的行為沒有前後不一的情況，而且可以找到行為背後的原因，就有辦法進行預測。詳情請參考丹・艾瑞利的著作《誰說人是理性的！：消費高手與行銷達人都要懂的行為經濟學》（*Predictably Irrational: The Hidden Forces That Shape Our Decisions*）（天下文化出版，二〇一八年）。

第一章

1. 這個框架以休・科特尼（Hugh Courtney）、約翰・霍恩（John Horn）及賈揚提・卡爾（Jayanti Kar）所著的〈Getting into Your Competitor's Head〉（《麥肯錫季刊》第一輯，二〇〇九年四月）為基礎，並建立於以下著作之下：麥可・波特（Michael E. Porter）著作《競爭策略：產業環境及競爭者分析》（*Competitive Strategy: Techniques for Analyzing Industries and Competitors*，天

下文化出版，二〇一九年）、發表於《*Policy, Strategy, & Implementation: Readings and Cases, ed. Milton Leoniades*》（紐約，蘭登書屋出版，一九八三年）的〈Analyzing Competitors: Predicting Competitor Behavior and Formulating Offensive and Defensive Strategy〉，及Leonard M. Fuld著作《*The Secret Language of Competitive Intelligence*》（紐約，Crown Business出版，二〇〇六年）。

2. 取自波士頓諮詢顧問公司（Boston Consulting Group〔BCG〕）網站，專門提供面試準備相關資源。網址為：https://careers.bcg.com/case-interview-preparation （於二〇二二年三月二十三日取得）。

3. Philip E. Tetlock、Dan Gardner，《*Superforecasting: The Art and Science of Prediction*》（紐約，Broadway Books出版，二〇一五年）。

4. 預測市場是允許個體買賣特定聲明一美元股份的機制。例如，福特汽車（Ford）將在接下來的六個月內銷售一萬五千輛電動車，這些股份的交易金額範圍在零美元到一美元之間。假如價格為〇．六美元，而你認為實現該聲明的機率是六五%，就購入股份、抬升股價。預測市場彙集了多方觀點，為了在特定情況有效的得出集體的估算。想了解更多資訊，請參閱索羅維基（James Surowiecki）的著作《群眾的智慧：如何讓整個世界成為你的智囊團》（*The Wisdom of the Crowds: Why the Many Are Smarter Than the Few and How Collective Wisdom Shapes Business, Economies, Societies and Nations*）（遠流出版，二〇一三年）。

5. 《超級預測：洞悉思考的藝術與科學，在不確定的世界預見未來優勢》一書的附錄，提供了更多關於提升預測準確度的建議。

6. Chris Mulligan、Nicholas Northcote、Tido Röder、Sasha Vesuvala，〈The Strategy-Analytics Revolution〉（《麥肯錫季刊》，二〇二一年四月二十六日）。

7. 隨著機器學習技術逐漸成熟，未來建置的模型，有可能既能根據模型過去的選擇來考慮不連續的行動，又能基於模擬時發生的情況，來更新採取特定行動的可能性。後者的更新模式，已經能夠透過輸入過去經常採取的應對措施，增加未來採取該行為的機率。而機器學習模型必須要能根據模型中過去採取行動的變化，更新做出新選擇的機率。

8. Daniel Goleman，〈Hot to Help: When Can Empathy Move Us to Action?〉（《*Greater Good Magazine*》，二〇〇八年三月一日），https://greatergood.berkeley.edu/article/item/hot_to_help（於二〇二〇年五月十五日取得）。

9. 馬可・亞科波尼（Marco Iacoboni），《天生愛學樣：發現鏡像神經元》（*Mirroring People: The New Science of How We Connect with Others*）（遠流出版，二〇〇九年）。

10. Jeremy Hogeveen、Michael Inzlicht、Sukhvinder S. Obhi，〈*Power Changes How the Brain Responds to Others*〉（《實驗心理學雜誌：總論》期刊〔*Journal of Experimental Psychology: General*〕第二輯，二〇一四年四月）。

第二章

1. http://us.pg.com/who-we-are/structure-governance/corporate-structure（於二〇二三年三月二十三日取得）。
2. https://us.pg.com/annualreport2021/our-integrated-strategy-to-win/（於二〇二三年三月二十三日取得）。
3. 百事可樂在一九五三年打入泰國市場（資料來源：https://www.suntorypepsico.co.th/brandDetail.html?id=1。於二〇二三年三月二十七日取得），而可口可樂則是在一九四九年進軍泰國。（網址：https://connect.amchamthailand.com/list/member/coca-cola-thailand-limited-1310。於二〇二三年三月二十七日取得）。
4. https://www.forbes.com/largest-private-companies/list/（於二〇二三年三月十四日取得）。

第三章

1. 本章以凱文．柯伊恩（Kevin Coyne）、約翰．霍恩，〈先預測再作決策〉（Predicting Your Competitor's Move）（《哈佛商業評論》〔*Harvard Business Review*〕，二〇〇九年四月）為基礎。
2. 大衛．蒙哥馬利、瑪麗安．莫爾、喬爾．厄爾班尼，〈Reasoning about Competitive Reactions: Evidence from Executives〉（《行銷科學》期刊〔*Marketing Science*〕，二〇〇五年冬季號）。
3. Steven B. Most、Daniel J. Simons、Brian J. Scholl、Rachel Jimenez、Erin Clif- ford、Christopher

F. Chabris，〈How Not to Be Seen: The Contribution of Similarity and Selective Ignoring to Sustained Inattentional Blindness〉（《心理科學》期刊〔*Psychological Science*〕第十二輯，二〇〇一年一月）。

4. 凱文・柯伊恩、約翰・霍恩，〈How Companies Respond to Competitors: A McKinsey Global Survey〉，（《麥肯錫季刊》，二〇〇八年四月）。

5. 我們選擇了跟大衛・蒙哥馬利、瑪麗安・莫爾和喬爾・厄爾班尼相同的戰略決策類別，同樣是對手做出的決策，但相較於競爭者在組織內部所關注的，人才管理或研究開發等議題，這些決策會在市場上執行，應該更容易觀察清楚。

6. 根據調查結果顯示，約有二〇%的受訪者並不清楚他們考慮過多少選項，保守估計實際數字可能更高。

第四章

1. 凱文・柯伊恩、約翰・霍恩，〈How Companies Can Understand Competitors Moves:〉（《麥肯錫季刊》，二〇〇八年十二月）。

2. Peter Boumgarden、Jackson Nickerson、Todd Zenger，〈Sailing into the Wind: Exploring the Relationships between Ambidexterity, Vacillation, and Organizational Performance〉（《策略管理期刊》〔*Strategic Management Journal*〕第六輯，二〇一二年六月）。

3. 喬希・博森（Josh Bersin），〈What to Expect from Leadership Changes at the Top〉（《*Entrepreneur*》雜誌，二〇一七年十月二十四日）。
4. Ayse Karaevli、Edward J. Zajac，〈When Is an Outsider CEO a Good Choice?〉（《麻省理工學院史隆管理學院評論》（*MIT Sloan Management Review*），二〇一一年六月十九日）。
5. 〈CEO Succession Practices in the Russell 3000 and S&P 500: 2021 Edition〉，美國經濟評議會，二〇二一年六月二十一日。
6. 又稱作自利偏差（self-serving bias）。
7. 例如：亨利・明茲伯格（Henry Mintzberg），《*The Rise and Fall of Strategic Planning*》（紐約，自由出版，一九九四年）及Michael Allison、Jude Kaye《非營利組織的策略規劃：實務指南與工作手冊》（*Strategic Planning for Nonprofit Organizations: A Practical Guide for Dynamic Times*）（喜瑪拉雅基金會出版，二〇〇一年）。
8. 史蒂夫・凱斯（Steve Case），《第三波數位革命：這是農夫、工人、廚師與藝術家……以及我，從邊陲地方發動的全球經濟革命》（*The Third Wave: An Entrepreneur's Vision of the Future*）（大是文化出版，二〇一六年）。
9. William Foster-Harris，《*The Basic Patterns of Plot*》（奧克拉荷馬州諾曼，奧克拉荷馬大學出版）。
10. 克里斯多福・布克（Christopher Booker），《*Seven Basic Plots: Why We Tell Stories*》（倫敦，

Bloomsbury Continuum出版）。

11. 麥可・費吉斯（Mike Figgis），《三十六劇》（*The Thirty-Six Dramatic Situations*）（倫敦，費伯與費伯出版），此書為 Georges Polti 於十九世紀原版清單的更新版本。

第五章

1. 我已經向所有對話過的專家保證不會公布他們的姓名，其中包括了十二位古生物學家、十位考古學家、三名新生兒加護病房護理師，還有一名已經退休的謀殺案刑警。不僅沒有警察局允許我與局裡的刑警對談，要爭取到跟新生兒加護病房護理師交談的時間也相當困難，不過我也不會採取太過強硬的態度，因為所有醫護人員都在新冠肺炎疫情期間承受了很大的壓力。
2. 麥可・波特，《*What Is Strategy?*》（《哈佛商業評論》，一九九六年十一～十二月號）。

第六章

1. 傑夫・柯文（Geoff Colvin），《我比別人更認真》（*Talent Is Overrated: What Really Separates World-Class Performers from Everybody Else*）（天下文化出版，二〇〇九年）。
2. 貝恩策略顧問公司（Bain & Company），〈Management Tools & Trends〉，https://www.bain.com/insights/topics/management-tools-and-trends（於二〇二二年七月十二日取得）。
3. 再次強調，我是持保守態度。在我的印象中，幾乎每次商戰遊戲都以成功收場，而且都能從中找到洞察。

4. 約翰・霍恩，〈Playing War Games to Win〉（《麥肯錫季刊》，二〇一一年三月）。
5. 參見例如：Kevin Werbach、Dan Hunter，《*For the Win: The Power of Gamification and Game Thinking in Business, Education, Government, and Social Impact*》（費城，華頓商學院出版，二〇一二年）。
6. 米卡・岑科（Micah Zenko），《紅隊測試：戰略級團隊與低容錯組織如何靠假想敵修正風險、改善假設？》（*Red Team: How to Succeed by Thinking Like the Enemy*）（大寫出版，二〇一六年）。

第七章

1. National Commission on Terrorist Attacks upon the United States, The 9/11 Commission Report: Final Report of the National Commission on Terrorist Attacks upon the United States（華盛頓特區，美國國家恐怖襲擊事件委員會，二〇〇四年）。
2. 《*The 9/11 Commission Report Executive Summary*》。
3. 《*The 9/11 Commission Report Executive Summary*》。
4. 《*The 9/11 Commission Report Executive Summary*》。
5. 這個命名方式是在本章節討論到的公司中，負責金融服務的高階主管所提出的建議。
6. 請見 Philip E. Tetlock、Dan Gardner，《*Superforecasting: The Art and Science of Prediction*》（紐

約，Broadway Books 出版，二〇一五年）。

7. 我用了「策略」、「企業發展」、「業務發展」、「增長」、「創新」、「併購」、「規畫」跟「轉型」這些關鍵字，來確定列出的高階經理人是否承擔策略職責。有些高階管理人員的履歷顯示，他們曾在副總裁或高級副總裁的級別負責策略工作，但是在目前的管理職位上並未承擔這方面的職責，因此這些人沒有被納入統計範圍（如果企業內部其他高層沒有人擔任策略家的角色，他們所任職的公司也不會被納入統計當中）。我將所有執行長跟總裁排除在名單之外，除非他們還擔任了另一個C級領導職位，並負有策略相關職責。在金融機構中，相較於策略長（CSO，Chief Strategy Officer）更常見的職位是風險長（CRO，Chief Risk Officer），在此我並沒有將風險長列為組織策略角色。最後想告訴大家，不是所有企業的網站都會列出組織高階經理人的經歷或目前職責；這通常在外商公司中比較常見。

8. 理查・塞勒（Richard H. Thaler）、凱斯・桑思坦（Cass R. Sunstein），《推出你的影響力：每個人都可以影響別人、改善決策，做人生的選擇設計師》（*Nudge: Improving Decisions about Health, Wealth, and Happiness*）（時報出版，二〇一四年）。

9. 特別感謝凱文・法爾和麥可・熊跟我一起集思廣益，討論如何建立競爭情報儀表板。

國家圖書館出版品預行編目（CIP）資料

麥肯錫：競爭者的下一步：來自麥肯錫團隊的競爭行為預判調查，1,825名主管的經歷總合，協助你看穿對手底牌，搶占獲利。／約翰·霍恩（John Horn）著；林庭如（Rye Lin Ting-Ru）、蔡旻諺（Marco Tsai）譯 . -- 初版 . -- 臺北市：大是文化有限公司，2024.06
304 面；17×23 公分
譯自：Inside the Competitor's Mindset: How to Predict Their Next Move and Position Yourself for Success
ISBN 978-626-7377-93-2（平裝）

1. CST：企業競爭　2. CST：企業經營
3. CST：組織管理

494.1　113000760

Biz 453

麥肯錫：競爭者的下一步

來自麥肯錫團隊的競爭行為預判調查，1,825 名主管的經歷總合，
協助你看穿對手底牌，搶占獲利。

作　　者／約翰・霍恩（John Horn）
譯　　者／林庭如（Rye Lin Ting-Ru）、蔡旻諺（Marco Tsai）
責任編輯／宋方儀
校對編輯／楊　皓
副總編輯／顏惠君
總 編 輯／吳依瑋
發 行 人／徐仲秋
會計助理／李秀娟
會　　計／許鳳雪
版權主任／劉宗德
版權經理／郝麗珍
行銷企劃／徐千晴
業務助理／連玉
業務專員／馬絮盈、留婉茹
行銷、業務與網路書店總監／林裕安
總 經 理／陳絜吾

出 版 者／大是文化有限公司
臺北市衡陽路 7 號 8 樓
編輯部電話：（02）23757911
購書相關諮詢請洽：（02）23757911 分機 122
24 小時讀者服務傳真：（02）23756999
讀者服務 E-mail：dscsms28@gmail.com
郵政劃撥帳號：19983366　戶名：大是文化有限公司

法律顧問／永然聯合法律事務所
香港發行／豐達出版發行有限公司 Rich Publishing & Distribution Ltd
地址：香港柴灣永泰道 70 號柴灣工業城第 2 期 1805 室
Unit 1805, Ph.2, Chai Wan Ind City, 70 Wing Tai Rd, Chai Wan, Hong Kong
電話：21726513　傳真：21724355
E-mail：cary@subseasy.com.hk

封面設計／林雯瑛　內頁排版／王信中
印　　刷／緯峰印刷股份有限公司

出版日期／ 2024 年 6 月　初版
定　　價／新臺幣 480 元（缺頁或裝訂錯誤的書，請寄回更換）
I S B N ／ 978-626-7377-93-2
電子書 ISBN ／ 9786267448335（PDF）
9786267448342（EPUB）